軍 초급간부를 위한 꿀 TIP

+ α를 하라

지 금 구 지음

상대방보다
한 가지를 더 준비해야
앞서갈 수 있다.

자기개발을 위해
매일 1시간을 더 투자하면
최고의 군사 전문가가
될 수 있다.

도서출판 진영사

軍 초급간부를 위한 꿀 TIP +α 를 하라

지금구

2018년 11월 19일 초판 인쇄
2018년 11월 21일 초판 발행

발행인 박 진 영
발행처 도서출판 진영사
인천광역시 부평구 갈산동 185번지 풍진빌딩 303호
전화 : 032)505-4207
팩스 : 032)505-4206
E-mail : 0183734207@hanmail.net
등록 : 122-91-77317

ISBN 978-89-6541-398-1 93390
정가 15,000원

프롤로그

이런 간부가 되라

군 간부의 삶은 결코 순탄하지 않다.
하루 24시간 긴장 속에서, 생명을 담보로 헌신하고 희생하는 위국헌신의 길을 걸어가는 사람이 바로 군 간부이다.
간부가 되는 순간부터 자기 자신보다는 부하를 더 걱정해야 하고, 가정 보다는 부대를 더 먼저 생각하고 행동해야 한다.
계급이 올라 갈수록 부하들이 많아지면서 짊어져야 할 짐도 그만큼 더 무거워 진다.

간부는 군인이면서 공무원, 공인의 3가지 신분을 갖고 있는 특별한 존재다.
국민들에게 비추어지는 간부의 모습은 절도와 패기를 갖고 있으며, 죽음을 두려워하지 않는 용기 있는 자, 국가와 국민에게 헌신적으로 희생하며 충성을 다하는 엘리트 군인이다.
부하들에게는 힘들고 어려울 때 내 옆에서 나를 위로 해줄 수 있는 사람, 위험한 상황에서도 항상 진두에서 지휘하는 사람, 전장에서 나의 생명을 지켜 줄 수 있는 사람, 모든 언행을 본받고 싶은 존경의 대상이 바로 군 간부이다.

군 간부를 바라보는 국민들과 부하들의 시선 그 자체가 높다.
그래서 조그마한 실수에도 더 큰 실망감을 갖게 되고, 때로는 분노를 표출한다는 것을 간부들은 한시도 잊어서는 안 된다.

어떻게 하면 군 생활을 잘할 수 있을까?
남들보다 진급도 빨리하고, 군에서 승승장구 할 수 있을까?
군 간부는 어떠한 삶을 살아가야 하는가?
어떠한 목적을 갖고 살아야 성공적인 군 생활을 했다고 할 수 있을까?
직업군인 이라면 누구나 이러한 고민을 할 것이다.
많은 간부들이 이러한 고민 속에서 수없이 좌절하고 한탄하면서도, 묵묵히 군인의 길을 걷고 있다.

그러나 인생에 정답이 없듯이, 군 생활도 정답은 없다.
군 생활은 나 혼자 열심히 한다고 잘되는 것도 아니다.
나도 잘해야 하지만 상·하급자, 동료 및 부하들 모두가 잘해야 진급도 하면서 행복하게 군 생활을 할 수 있다.
나 혼자가 아닌 우리라는 공동체가 모두 잘해야 된다는 것이다.
그러나 우리라는 집단 속에서 가장 중요한 사람은 바로 당신 이다. 당신이 잘해야 모두가 잘될 수 있다.

군 생활을 잘하기 위한 방법은 무수히 많다. 이러한 여러 가지 방법 중에서 가장 중요하다 고 생각하는 3가지는 다음과 같다.

먼저 자기관리를 잘하라.
모든 사람들에게 존경과 신뢰를 받는 간부는 외형적인 모습뿐만 아니라 내면적인 자기관리를 게을리 해서는 안 된다.

군 간부들의 자기관리는 군 생활의 시작이면서 끝이라고 할 수 있는 가장 중요한 요소이다.

군 간부는 자기관리를 최우선적으로 하면서, 부하관리와 상·하급자, 동료들 까지도 관리 할 줄 아는 지혜를 가져야 한다.

어떠한 시각에서 보느냐에 따라 사람마다 생각이 다르겠지만, 적어도 이러한 간부가 되기 위해 노력하여야 한다.

간부는 화가 나도 기분 나쁜 표정을 하거나 흥분하지 않고, 핵심을 찌르는 말 한마디 할 수 있어야 하며, 기쁜 일에 들뜨지 않고 즐길 줄 아는 부드러운 카리스마를 가져야 한다.

또한 싫어하는 사람 앞에서도 표정이 바뀌지 않고, 웃으면서 안부를 건넬 수 있는 사람이 되어야 한다.

약간의 내숭과 애교를 몸에 익히고, 하고 싶은 말은 당당하게 하며, 뒤 끝은 깔끔하게 마무리 할 줄 알아야 한다.

주의 깊게 듣고 총명하게 질문하며, 조용하게 대답하고, 말할 필요가 없을 때는 침묵 할 줄 아는 간부가 되어야 한다.

둘째, 상관의 명령에 복종하고 충성을 다하라.

군인은 전시에 적과 싸워 이겨야 하는 집단이기에, 상관의 정당한 명령에 복종하여야 한다.

군의 특성상 상명하복의 명령체계는 국민의 생명 및 재산보호와 직결되기 때문이다.

즉, 상관의 명령은 국민의 명령이고, 상관에게 충성하는 것은 바로 국민에게 충성 하는 것과 같은 의미다.

셋째, 부대에서 가장 소중한 존재가 되어라.

부대에서 소중한 사람이 되려면 하늘만 쳐다보고 가서는 안 된 다. 그렇다고 앞만 보고 가거나 아래만 보고 가서도 안 된다.

앞을 보고 걷되, 하늘도 쳐다보고 땅도 보면서 걸어야 돌부리에 걸려 넘어지지 않고 웅덩이에 빠지지 않는다.

길을 잘 못 들어 숲속에서 헤매는 일도 없다.

소중한 존재가 되려면 상·하급자, 동료 및 부하들로부터 모든 면에서 인정받기 위해 노력하여야 한다.

이렇게 인정받았을 때 비로소 부대에서 필요로 하는 가장 소중한 사람이 될 수 있기 때문이다.

인정을 받기 위해서는 남들이 하기 싫어하는 것, 하지 않는 것을 해야 한다. 상대방과 똑같이 해서는 인정받기 어렵다. 남들보다 하나를 더 준비해야 한다.

플러스 α를 해야 인정받고 상대방 보다 앞서 갈 수 있다.

간부들의 군 생활은 의지와 열정만으로는 한계가 있다.

시행착오를 하면서 단련 되는 것도 있지만, 조직의 성패 및 부하들의 생사와 관련된 사항들은 시행착오가 있어서는 안 된다

이 책은 이러한 시행착오를 최소화하기 위한 방법을 제시하고,

임무수행 간 효율적이면서 쉽게 할 수 있는 것들을 어렵고 힘들게 하는 초급 간부들에게 조그마한 도움을 주고 싶다는 생각으로 작성 하였다.

또한 기회가 왔을 때 준비가 안 되어 놓친 경험, 꼭하고 싶은 일이 있었지만 실력 부족으로 포기 한 것들, 잘 못해서 혼났던 기억 등 후회스럽고 안타까웠던 기억들을 모아 지휘통솔기법, 전투준비, 교육훈련, 부대관리, 보고서 작성 분야로 나누어 각종 난제들을 어떻게 풀어 나가야 하는지를 알

려주는 등불과 같은 길잡이가 되었으면 하는 바람으로 한장 한장을 써 내려갔다.

한번 읽고 그만두는 책이 아니라 군 생활을 하면서 늘 옆에 두고 어떤 사안이 있을 때 마다 참고 할 수 좋은 자료 이길 바란다.
아무쪼록 이 책이 군 간부들에게 솔로몬과 같은 지혜를 주고, 행복한 군 생활의 디딤돌과 버팀목이 되었으면 한다.

저자 지 금 구

차 례

PART 1

조직에서 가장 소중한 존재가 되라

소중한 존재는 내가 아닌 상대방이 만들어 준다.
따라서 상대방이 나를 인정해 주도록 끊임없이
준비하고 노력 하여야 한다.

어떤 일을 하려고 할 때는 부하의 고충을 먼저 헤아려야 한다. 성과에 급급하면 상급자의 미소와 자신의 열정밖에 보지 못해 결국 실패한다.

성형 수술을 하라

당신이 소속되어 있는 부대에서 가장 소중한 사람이 되기 위한 첫 번째 조건으로 성형 수술을 권유 한다.
성형외과에 가서 얼굴을 성형수술 하라는 말이 아니다.
당신의 육체와 정신 모두를 성형수술 하듯 완전히 바꾸어 간부로 다시 태어나야 한다는 것이다.

군 간부는 신분변화에 어울리는 행동의 변화와 내면의 변화가 있어야 간부다운 간부가 될 수 있다.
따라서 당신 스스로 자신의 육체와 정신을 완전히 바꾸어야 한다.
훌륭한 성형외과 의사가 되는 것은 오직 당신만이 가능하다.

간부는 사관생도 및 간부후보생 시절부터 민간인(학생)이 아닌 준 군인, 일반인이 아닌 공인으로 신분의 변화를 갖게 된다.
이러한 신분의 변화는 사복을 입다가 제복 또는 전투복을 착용하고, 긴 머리는 짧은 머리로 바뀌고, 목례(안녕하세요)에서 거수경례(충성)로 바뀌는 등 행동의 변화를 수반하게 된다.

거지가 양복을 입고 용모를 깔끔하게 한다면, 더 이상 거지가 아니다.
갑부가 누더기 옷을 입고 씻지도 않는 얼굴로 길거리에 나가면, 사람들은 거지로 생각하여 적선 할 것이다.
이렇듯 신분의 변화는 행동의 변화를 수반하게 되며, 시선의 변화를 이끌게 된다.

군 간부는 부하를 지휘통솔 할 수 있는 리더로서의 자격을 갖추어야 비로소 부하들로부터 신뢰와 존경을 받을 수 있다.
이러한 리더의 자격을 갖추기 위해서는 외형적인 모습부터 내면적인 것까지 모두 바꾸어야 한다.
그렇다고 많은 것을 요구하는 것이 아니다.
최소한 군인다운 모습을 갖추고, 간부답게 행동하라는 것이다.
지금부터 군 간부에 걸 맞는 모습들에 대해 알아보겠다.

먼저 눈에 보이는 외형적인 것부터 바꾸어 나가라.

짧은 머리에 항상 깔끔하게 면도한 얼굴, 구리 빛 얼굴에 눈에서는 광채가 나는 모습이 군인의 강직한 용모이다.
덥수룩한 머리, 수염을 깍지 않아 산적 같은 얼굴에, 코털은 삐져나와 있고, 머리 비듬이 옷에 하얗게 묻어있는 모습으로 부하들 앞에 나타나서는 안 된다.

군인은 외형상으로 강직하면서 야무지게 보여져야 한다.
그렇다고 무서운 얼굴을 하고 다니라는 말이 아니다.
강직하게 보이는 것은 무서운 얼굴이 아닌 온화하면서도 따뜻함을 풍기는 용모를 말한다.
영화에서 악역을 맡은 배우처럼 천성적으로 상대방에게 위압감을 주는 무서운 얼굴을 가졌다면, 매일 거울을 보고 웃는 연습을 해서 부드러운 이미지를 갖기 위해 노력해야 한다.

군 간부는 항상 깨끗하고 단정한 복장을 착용하여야 한다.
군인은 매일 훈련 등으로 땀을 많이 흘리므로 전투복을 여분으로 3~4벌은 가지고 있어야 한다.
여름에는 하루만 지나도 악취가 심하기 때문에, 다음날 부대 출근 시 항상 청결한 복장을 착용하고 부하들 앞에 서야 한다.

군복을 안 입고 사복을 입어도 항상 단정하게 착용해야 한다.
체육활동을 해도 간부의 복장은 달라야 한다.
메이커가 있는 고가의 옷을 사서 입으라는 것이 아니다.
부대 회식 시에도 정장은 아니더라도 간편 복장을 착용해야 한다.
회식 시 편한 복장을 착용하라 한다고 해서 반바지 또는 운동복에 슬리퍼 차림으로 참석해서는 안 된다.
상급자가 아닌 동료나 하급자와 회식을 해도 단정한 복장 착용은 기본예절이다.

군복 착용 시에는 바른걸음과 절도 있는 행동을 하여야 한다.
군복 상의 단추를 풀어헤치거나, 춥다고 호주머니에 손을 넣고 다니는 행위, 흡연을 하면서 걷거나 음식물을 먹으면서 걷는 행동 등을 하여서는 안 된다.
특히 군복을 입고 술에 취해 비틀거리는 모습은 추해 보이기도 하지만 모든 사람들에게 신뢰를 잃는 행동이다.

군 간부는 이렇게 해야 된다는 고정관념 때문이 아니다.
결코 당신을 낮게 평가하지 마라.
부하들과 국민들 대다수가 군 간부인 당신을 높게 평가하고 있다는 것을 잊지 마라.
멋지고 늠름한 군인으로 생각하고 있는 대다수 국민들이 흐트러진 당신의 모습을 보면 실망한다는 것이다.
더 중요한 것은 부하들에게 신뢰를 잃는다는 것이다.

길을 걷다가 많은 사람들 중에 유난히 빛나는 사람을 가끔 발견할 것이다. 잘 생기거나 예쁜 것도 아닌데 품위가 있어 보이면서 함부로 대하면 안 될 것 같은 사람, 눈에서 광채가 쏟아져 똑바로 쳐다볼 수 없는 위엄을 갖춘 이런 사람이 바로 군 간부의 모습이다.

늠름하고 멋진 모습에 걸 맞는 성격을 가져라.

간부가 내성적 이고 소극적, 피동적인 성격을 가졌다면 외향적이고 적극적인 성격으로 바꾸기 위해 노력해야 한다.
성격을 완전히 바꾸기는 힘들 것이다.
그러나 지휘하다 보면 기분 나쁜 일, 속상하는 일이 많이 발생하게 되는데, 이러한 것들을 훌훌 털어버리지 못하면 지휘통솔에 많은 어려움이 따른다.
소대장이 삐져서 말도 안하고, 소심하면 소대장이 소대원들에게 따돌림을 당하는 경우가 발생한다.
부하들은 호탕하고 시원한 성격의 간부를 원한다.

긍정적인 마인드를 가져라.

긍정과 부정의 차이는 이런 것이다.
전투복 호주머니에 손을 넣고 보행하는 용사를 발견 하였을 경우 “김 상병 너는 왜! 호주머니에 손을 넣고 다니는 거야, 군기가 빠져서...”라고 질책한다면 부정적인 사람이다.
“김 상병 오늘 날씨가 춥지, 이제 장갑을 착용해야 되겠어?” 라고 말하면 긍정적인 사람이다.
즉, 어떤 사물이나 행동을 보고 잘못된 분야만 찾는 사람은 부정적인 마인드를 갖고 있다고 볼 수 있다.
잘못된 분야 보다는 잘하고 있는 것을 먼저 보고, 잘못된 분야는 그 원인을 찾아 해결하려고 한다면 긍정적인 마인드를 갖고 있는 사람이다.
군 간부는 적극적이고 긍정적인 마인드를 갖고 있어야, 열정적으로 군 생활을 할 수 있다.

생각을 바꾸어라.

옛날에는 군인들을 보고 용감 무식하다고 말했다. 고함치고 욕설을 잘하면 지휘를 잘하는 걸로 인식 했다.
이런 사람들을 부대지휘를 적극적으로 잘 한다고 평가하기도 했다. 그래서 부하들이 잘못하면 폭언·욕설, 구타 및 가혹행위를 당연시 해왔던 시절이 있었다. 또한 술을 잘 먹어야 대인관계가 좋아 군 생활을 잘하는 걸로 알았다.
그러나 지금도 이러한 생각을 갖고 행동을 한다면 군 생활하기 힘들다.

이제는 구전으로 내려오는 아래와 같은 군인에 대한 인식을 바꾸어야 한다.

군인은 술을 잘 먹어야 된다. → NO
 * 술을 전혀 못 먹어도 대인관계에 문제없고, 군 생활 잘 한다.

군인은 욕설도 할 줄 알아야 한다. → NO
 * 욕설을 하면 언어폭력으로 군 생활 끝난다.

군인은 불같은 성격을 가져야 한다. → NO

* 화를 잘 내고 성격이 급한 인원은 군 생활을 잘할 수 없다

군인은 자기주장이 강해야 한다. → NO

* 때와 장소를 가릴 줄 모르는 자기주장은 아집이다

군 간부는 성격 탓을 해서는 안 된다.
이제는 생각을 바꾸어야 한다.
나는 원래 성격이 급해서 화를 내고 욕설을 하였다고 하면서 이해 해 달라고 더 이상 말하지 마라.
이제는 우리가 지금까지 군에 대하여 잘못알고 있는 것 들을 바로 알고 행동 하여야 한다.

권위의식을 버려라.

간부는 잘못된 권위의식에서 나오는 자기중심적 사고를 버려야 한다.
자기생각의 정당성을 주장하면서, 고집스럽게 부대지휘를 하는 사람들이 가끔 있다.
그들은 가장 합리적으로 지휘하고 있다고 착각에 빠져 있다.
내가 곧 정의라고 생각한다.
이러한 사람들은 대부분 도덕적으로 올바르다는 강한 확신을 갖고 있고, 지휘통솔을 그 확신을 실현하는 수단으로 생각하면서 부대를 지휘하는 경우가 있다.
내 생각과 다르면 상급자의 지시사항도 무시해 버린다.
상급자의 지시사항을 수명치 않으면서, 부하들에게 복종을 강요할 수 있는지 생각해 보아야 한다.

또한 간부는 법과 규정을 자신 아래로 두는 "내가 곧 왕이다"라는 잘못된 생각을 바꾸어야 한다.
마음대로 해도 된다는 식의 권한과 권위만 찾는 행위,
책임과 능력을 고려하지 않는 일방적인 지시 행위 등은 반드시 근절 되어야 한다.
간부들이 내가 바라는 식으로 하라는 사고의 경직성을 갖게 되면, 자기만의 기준을 설정해서 용사들에게 너무 많은 것을 요구하게 된다.
또한 "시키는 대로만 하면 되는데, 그것도 못하느냐"는 식의 고정관념 속에서 빠져 나오지 못한다.

간부는 부하를 자기 마음대로 해도 된다는 생각을 버려야 한다.
내가 있어 부하들이 있는 것이 아니다.
부하들이 있어 내가 있는 것이다.
그래서 모두를 귀하게 여겨야 한다.
부하들이 있어 내가 이 자리에 있을 수 있기 때문이다.
엄하지만 다정하고, 화를 낸 뒤에도 쉽게 다가갈 수 있는 사람. 항상 모든 사람들에게 따뜻한 말을 건네는 간부가 되어야 한다.

이러한 성형수술은 어느 누구도 할 수 없다.
오로지 당신 자신만이 할 수 있다.
따라서 본인 스스로 외형적인 모습뿐만 아니라, 내면적인 정신까지도 개조하지 않으면 안 된다.

능력을 키워라

간부는 행동능력을 갖춘 리더이다.
군 생활을 하다보면 위험하고, 극복하기 어려운 다양한 상황에 직면하게 된다.
이를 슬기롭게 극복하려면 리더의 능력과 자질을 구비해야 한다.
이러한 능력들은 부대원과 함께하기 위해서, 남들보다 더 행복한 군 생활을 하 기 위해 필요하다.

군 간부가 갖추어야 할 능력은 수없이 많으나, 그동안 군 생활 경험을 바탕으로 간부가 갖추어야 할 능력 중 꼭 필요하다고 생각되는 것들에 대하여 알아보겠다.

군사 전문가가 되어라.

군 생활을 20년 이상 한 간부들에게 군사 전문가 인가? 라고 묻는다면 어떠한 답변을 할까?
필자는 34년간의 군 생활을 마치고 전역 하면서 스스로에게 내가 군사 전문가인가를 물은 적이 있다.
대답은 NO 이었다.

달인의 경지에 가려면 약 1만 시간 이상이 필요하고, 장인이 되려면 약 2만 시간이 필요하다고 한다.
한 분야에 하루 3시간씩 투자한다면 달인은 10년, 장인은 20년의 세월이 걸리는 셈이다.

그런데 34년을 하고도 달인이나 장인이라고 말할 수 없는 것은, 뚜렷한 목표 없이 현안업무에 쫓기면서 살아왔기 때문이 아닌가 싶다.
사실 군 생활을 하면서 교육기관에서만 집중적으로 공부하고, 실무부대에서는 그때그때 실시간 현안업무처리에 급급하다 보니, 교범 한번 제대로 읽어 본적이 없는 것 같다.

군 간부는 군사 전문가가 되어야 한다.
군사전문가는 전략, 전술, 정보, 작전, 인사, 군수, 동원, 교육훈련, 무기체계 등 많은 분야가 있다.
어느 분야든 군사전문가가 되기 위해서는 전략 및 전술에 능통하여야 한다.
싸우는 방법을 알아야 효과적인 지원을 할 수 있기 때문이다.

군사 전문가가 되려면 우선 세계사나 한국전쟁사 등 전쟁사 연구부터 시작하라고 권유하고 싶다.
세계사, 한국전쟁사 연구 시 공격·방어 작전, 후방지역 작전, 도시지역 작전, 산악 작전, 동계작전 분야로 전쟁사례를 도출하고, 전쟁의 원칙, 공격 및 방어준칙 등과 관련된 사례를 분석하면서 연구하는 게 효과적이다.
손자병법을 전쟁사와 연계하여 공부 하는 방법도 있다.

군 생활을 하면서 세계전쟁사에 독보적인 권위를 갖고 있는 장교와 근무한 적이 있다.
그는 위관시절부터 세계전쟁사를 공부하면서 필요한 자료를 스크랩 하였다 한다.
전투의 성공 및 실패요인을 전술의 원·준칙과 비교하면서 분석한 내용 이었다.
이러한 노력이 그를 세계전쟁사의 전문가로 만든 것이다.

군사 전문가가 되려면 전쟁사뿐만 아니라 전략, 전술 등 군사 서적 및 전술 교범을 공부하여야 한다.
실무부대 근무 시 훈련 전 또는 전술토의나 각종 시범참가 전에 관련 교범을 읽고 1~2가지 질문할 것을 준비하는 지혜도 필요 하다.

현재 군 간부들을 군사 전문가로 양성하기 위해서 분야별 전문 특기 제도를 시행하고 있고, 최근에는 국방대학교에 군사전략학, 전산정보학, 무기체계학 등의 박사 과정을 운용하고 있다. 군사전문가 양성을 위한 좋은 제도이다.
여기에 추가하여 한국사 자격증과 같이 세계전쟁사, 한국전쟁사 등 군사 전문분야 자격증 개발이 필요하다고 본다.
진급이나 각종 선발평가 시, 전역 후 군 관련분야 재취업 시 군사전문가 자격증을 획득한 자를 우대하는 정책을 권유하고 싶다.

강인한 체력을 구비하라.

초급 간부는 전장의 극한 상황 속에서 밤을 꼬박 새우면서 뛰거나 걸어도 지치지 않는 체력, 낙오된 부하의 군장 하나를 더 매고 뛸 수 있는 강인한 체력이 절대적으로 필요하다.
이러한 체력을 구비해야 전투에서 승리 할 수 있고, 부하의 생명도 지킬 수 있다는 것이다.

야전에서 초급간부들이 체력이 약해 10km 무장구보에서 낙오되거나, 100km 행군 및 천리 행군 중 낙오되는 것을 많이 보아 왔다.
낙오된 초급간부들은 지휘에 많은 어려움을 겪는 다는 것을 알아야 한다.
즉, 강인한 체력의 뒷받침이 없이는 부하들을 지휘하기가 어렵다는 것이다.

강인한 체력을 구비하기 위해서는 군 체력검정 종목인 3Km달리기, 윗몸일으키기, 팔굽혀펴기를 매일 하거나, 적어도 일주일에 3~4번을 지속적으로 하게 되면 6개월 후에는 특급 전사의 체력을 유지 할 수 있을 것이다.
야전부대에서 특급전사를 선발 시 체력종목 때문에 불합격하는 간부가 의외로 많이 있다.
이러한 간부는 근본적으로 체력이 약한 것이 아니고 게으르다고 볼 수밖에 없다.
이러한 간부가 장기선발이나 상위계급으로 진급을 꿈꾸는 것은 요행을 바라는 거나 다름없다.

외국어 능력을 갖추어라.

군 생활을 하다보면 외국군들과 연합 훈련을 할 기회가 종종 있다. 이때 의사소통이 되지 않아 훈련 진행에 많은 제한사항이 발생한다.
어떻게 보면 영어는 필수적인 요소라고 볼 수 있다.
군 생활을 하면서 미국이나 독일, 일본 등에서 군사교육 관련 위탁교육을 받을 기회가 있는데, 외국어 실력이 되지 않아 좋은 기회를 놓치는 경우를 많이 보아왔다.

외국에서 교육 받은 적도 없고, 영문학을 전공하지도 않은 대위가 영어를 잘해 해외위탁 교육과정에 선발된 적이 있었다.
그는 임관 후 매일 30분에서 1시간씩 영어공부를 했다고 한다.
이렇게 미리 준비만 되어 있다면 자신에게 좋은 기회가 찾아올 것이다. 또한 군에서 요구하는 연합작전이 가능한 훌륭한 장교가 될 수 있다.
특히 영어, 일본어, 중국어 등 하나만이라도 동시통역이 가능한 실력을 갖춘다면, 군에서 주는 많은 혜택을 받으면서 행복한 군 생활을 할 수 있을 것이다.

상담심리사 자격증을 획득하라.

자기개발 분야의 자격증 중 한자 자격증이나 한국사 자격증보다 상담심리사 자격증을 권장하고 싶다.
군 생활 중 가장 큰 비중을 차지하고 있는 것이 부하관리이다.
부하들 중 우울증 등 정신적인 문제를 갖고 있어, 군복무에 부적응하는 인원들 때문에 대부분의 간부들이 많은 스트레스를 받고 있는 것이 현실이다.
이러한 인원들의 부적응 요인을 정확히 찾아내어 조치하려면 가장 밀접하게 생활하고 있는 초급간부들의 상담능력이 절실히 요구 된다.
하지만 현실은 초급간부들의 상담능력 부족으로 귀중한 생명을 잃는 사고들이 종종 발생하고 있다.
따라서 임관 전에 상담심리사 자격증을 획득하거나, 군 생활을 하면서 상담분야 공부를 해서 상담자격을 갖추면 군 생활에 많은 도움이 될 것이다.

축구, 족구, 테니스 등 구기 종목을 배워라.

간부들이 처음 자대에 배치되면 상급자 또는 부하들로부터 가장 먼저 테스트를 받는 것이 축구나 족구일 것이다
군은 체력단련을 목표로 축구 등 구기 종목을 많이 하고 있고, 부대여건이나 지휘관의 성향에 따라 다소 차이는 있으나, 대부분의 부대가 운동 시설이 열악하기 때문에 큰 준비 없이 할 수 있는 축구나 족구 등을 많이 한다.
일부 지휘관은 전투체육의 날이나 휴일에 테니스를 하는 경우도 있다.

여기서 중요한 것은 운동을 잘하지는 못해도 기본은 할 수 있어야 같이 어울릴 수 있다는 것이다.
따라서 시간을 내어 축구, 족구, 테니스 등을 배우는 노력이 필요하다.
여군 간부의 경우 축구심판 자격증을 획득하는 것도 하나의 방법이 될 것이다.

그렇다고 운동을 못하면 군 생활이 어렵고 진급하기도 힘들다는 뜻은 아니다.
운동을 못해도 장군까지 진급한 사람이 많다는 것을 알아야 한다.
하지만 소대 대항 축구 시합을 하는데 소대원들이 소대장이 빠졌으면 하는 생각을 갖게 해서는 안 된다는 것이다.
간부는 만능 스포츠맨이 될 수 있도록 스스로 노력하야 한다.

컴퓨터 운용능력을 갖추어라.

요즈음은 교육계획 및 결산, 일일결산, 각종 보고서 등을 PC를 활용하여 보고한다.
간부들은 컴퓨터 관련 자격증 획득도 필요하지만, 파워포인트 등을 할 수 있는 실무능력을 갖추는 게 더 중요하다.
임무가 부여되었을 시 컴퓨터를 활용하여 단시간 내에 처리할 수 있다면 상급자로부터 인정받으면서 순탄한 군 생활을 할 수 있을 것이다.

이외에도 간부들이 갖추어야 할 능력들이 많다.
그러나 모든 것을 다 잘할 수는 없다.
적어도 상급자나 동료 및 부하들과 함께 할 수 있는 능력이 있다면 훌륭한 간부가 될 수 있을 것이다.

자신만의 색깔을 가져라

많은 사람들이 삶에 의미나 행복을 추구하기 위해서 자신만의 색깔을 갖고 살아간다.
군 간부도 리더의 색깔을 갖고 있어야 한다.
자신의 색깔이 분명한 간부는 상·하급자 및 부하들로부터 신뢰와 존경을 받을 수 있다.
이러한 신뢰와 존경은 지휘통솔의 성공을 보장할 수 있는 핵심요소이기도 하다.
여기서는 군 간부에게 필요한 색깔을 외형적인 색깔, 내면적인 색깔, 개성적인 색깔 세 가지로 구분하여 설명 하려한다.

품위유지를 잘 하라.

간부는 용모와 복장을 단정히 해야 한다.
아무리 많은 사람들 속에서도 군 간부라는 것이 쉽게 식별될 수 있도록 두발이나 복장 등에 신경 써야 한다.
잠자고 일어나 씻지도 않는 얼굴에 슬리퍼를 신고 부하들 앞에 서는 간부를 누가 좋아하며 과연 신뢰할 수 있겠는가?
전투복을 세탁하지 않아 썩은 냄새가 진동하고, 전투화는 언제 손질 했는지 모를 정도로 지저분한 간부를 부하들은 어떤 눈으로 바라보겠는가를 생각해야 한다.
스스로 단정한 용모와 복장을 착용하고 부하들 앞에 서야 간부를 믿고 따를 수 있는 것이다.

국가관, 안보관, 사생관, 인생관, 좌우명 등이 명확해야 한다.

자신의 철학이 흔들리거나, 아예 없으면 부하들에게 혼을 불어 넣는 지휘를 할 수 없고, 부하들을 올바르게 이끌 수가 없다.

군 간부를 지원 할 때부터 시작하여 부대 전입 시, 진급대상이 되었을 때 자기소개서에 국가관, 안보관, 좌우명 등을 매번 틀리게 적는 간부들을 보아왔다.
이렇게 대부분의 간부들은 자기만의 색깔이 없이 막연하게 생활하고 있다.
물론 세월이 흐르면서 사회 환경의 변화, 자신의 입장 차이는 있을 수 있으나, 자신만의 명확한 기준이 없는 사람들이 많다.

국가관, 안보관, 가치관 등을 명확하게 정립하여 신념화 한다는 것은 어려운 일이다.
그러나 군 간부는 국가관과 안보관이 올바르게 정립되어 있어야 한다. 가치관이나 인생관, 사생관, 좌우명 등이 정립된 간부가 뚜렷한 목표의식을 갖고 살아갈 수 있고 부하를 올바르게 지도할 수 있다.
정치적인 이념과 사상에 현혹되지 않는, 군인으로서 국가관과 안보관이 정립되어 있어야 한다.
"爲國獻身 軍人本分"은 안중근의사의 국가관이자 안보관이며 인생관이라고 볼 수 있다.
이러한 국가관이나 안보관, 사생관, 좌우명 등은 사자성어를 많이 인용하기도 하지만 자신만의 생각을 간략하고 명확하게 말할 수 있어야 한다.

개성적인 색깔을 가져라.

개성적인 색깔은 사회 환경의 변화나 나이가 들어가면서 바뀌어 질 수 있다. 부대 전입 시 신상명세서를 작성하는데 여기에는 어김없이 특기, 취미를 기록하는 곳이 있다.
최초 작성한 신상명세서부터 복사해서 보관해 보아라.
그러면 자신의 군 생활에 어떠한 변화가 있었는지 잘 알 수 있을 것이다.

개성적인 색깔은 특기(잘하는 것), 취미(좋아하는 것), 좋아하는 색깔, 좋아하는 꽃, 좋아하는 음식, 좋아하는 냄새 등이 있다. 그래서 개성이 뚜렷한 사람은 옷을 고를 때도 좋아하는 색상을 선택하고, 향수나 로션, 샴푸를 구입할 때도 좋아하는 향을 고른다. 심지어는 치약, 칫솔도 같은 브랜드와 같은 종류를 고집하는 사람도 있다.

군 간부는 좋아하는 시, 좋아하는 명언, 사자성어, 영어 명언을 한 두 개 정도는 갖고 있어야 한다.
또한 연령별 취향에 맞는 노래 한 두곡은 늘 준비가 되어 있어야 한다. 이렇게 자기만의 철학이 있어야 당황하거나 흔들림 없이 바로 대응 할 수 있다.
자신만의 색깔을 갖는다는 것은 부하들에게도 영향을 주어 간접적인 교육효과 까지 달성 할 수 있다.
"우리 소대장님은 훈련 시 소총휴대, 철모착용, 위장 이 세 가지를 가장 중요시 한다."
"우리 중대장님은 거짓말 하거나, 욕설을 하면 절대 용서하지 않는다."라고 부하들이 이구동성으로 말할 수 있도록 자신의 색깔이 분명 해야 한다.
군 간부는 직무수행 시는 물론 직무 외에도 부하에게 모범을 보여야 한다.
항상 리더로서 품격을 갖추어야 부하로부터 신뢰와 존경을 받을 수 있는 것이다.
그래서 자신만의 색깔을 갖는 것이 중요하다.

책임감 있게 행동하라

책임의 사전적 의미는 '맡아서 행해야 할 의무나 임무'를 달하며, 책임감은 '책임을 중히 여기는 마음'이다.
지휘관(자)은 부대의 성패에 대하여 책임을 지게 되어 있다.
그래서 자신의 잘못이 아닌 부하의 잘못으로 발생한 사고에 대해서도 책임을 묻는 것이다.

어떻게 보면 군 간부의 책임은 무한책임이라고 볼 수 있다.
군 생활을 하다보면 군 간부들이 언어폭력이나 구타 및 가혹 항위, 음주운전 등 자신의 잘못으로 사고가 발생하는 경우가 있다.
이러한 경우 해당 간부는 통상 "내가 처벌받으면, 내가 전역하면 된다. 내가 책임지겠다." 라고 말한다.
당연히 자신의 잘못으로 인한 것이기 때문에 처벌을 받아야 한다.
그러나 여기서 중요한 것을 놓치고 있다.
당신이 처벌 받고 전역 한다고 해서 모든 게 끝나는 것이 아니다.
당신의 행동으로 고통 받은 사람들의 멍든 가슴은 누가 책임질 것이며, 실추된 부대의 명예는 어떻게 책임질 것 인가?

군 생활을 하면서 항상 생각해야 하는 것은 나의 잘못된 행동은 부대와 상·하급자 및 동료, 부하들에게 까지 동시에 피해를 준다는 사실이다.
내가 처벌받고, 나 혼자 이 부대를 떠나면 그만이지 라는 생각은 굉장히 위험한 생각이다.

조직사회에서 나 혼자 책임질 수 있는 것은 아무것도 없다.
"나 혼자 처벌받고 전역하면 그만이지"라는 생각으로 잘못된 행동을 했다면 군 간부로서 책임감이 전혀 없는 것이다.

나의 잘못된 행동으로 사고가 발생하면 나만의 책임이 아닌 우리부대, 우리들 모두에게 책임을 묻게 된다는 것을 잊어서는 안 된다.
그래서 군에서 사고가 발생하면 해당 지휘관(자) 및 관련자들 모두에게 책임을 묻는 것이다.

책임감 있게 행동하라는 것은 우리라는 공동체를 우선 생각 하면서 신중하게 행동 하라는 것이다.
이렇게 해야 부대가 발전하고 부하들이 행복하고, 내가 즐겁게 군 생활을 할 수 있다.

자기관리를 잘 하라

군 간부의 자기관리 영역은 어디 까지 일까?
군인이면서 공무원, 공인의 삶을 살고 있는 군 간부는 이 세 가지 신분에 대한 자기관리를 해야 한다.

군인으로서 자기관리는 부대와 부하관리로 볼 수 있다.
자기 자신보다는 부하를 더 걱정해야 하고, 가정보다는 부대를 더 먼저 생각하는 것이 자기 관리이다.
부하가 힘들고 어려울 때 함께 고통을 나누는 일, 중요한 훈련 때문에 형제나 친구 결혼식에 참석 못하는 일 등이 자기관리의 한 분야이다.
자기관리를 잘하는 간부는 상·하급자 및 동료, 부하들로부터 신뢰와 존경을 받는다.
그러나 일과시작이 임박해서 출근하여 부하들에게 훈련준비가 안 되어 있다고 화내고 욕하는 간부, 술 냄새를 풍기며 출근하여 물이나 커피 등 잔심부름을 시키는 간부, 일과 시간에 업무는 하지 않고 잡지나 신문을 보는 간부, 스스로 할 일을 하지 않고 상급자에게 불평·불만을 하는 간부들은 자기관리를 소홀이 하는 사람으로서, 스스로 신뢰를 잃어 부대지휘에 어려움을 겪게 된다.

공무원 및 공인으로서 자기관리는 국가와 국민을 위해서 헌신하고 희생하는 것이다.
특히 귀한 아들을 군에 보낸 부모님들께 군에 있는 동안 죽거나 다치지 않게 잘 관리에서 더 건강한 모습으로 부모님 품으로 다시 돌려보내는 것 또한 자기관리이다.

군 간부가 나 혼자 편하고, 행복해지기 위해서 자기관리를 한다는 것은 잘못된 생각이다.
국가와 국민이, 부대와 부하들이 나로 인하여 행복해지도록 노력 하는 것이 진정한 자기관리이다.
나의 행복은 나로부터 출발 하는 게 아니라 우리라는 공동체 속에서 출발한다는 것을 잊어서는 안 된다.

특히 군 생활을 하면서 보안 사고나 성폭력 등 여자문제, 금전사고, 음주운전 등 자기관리를 소홀이하면 군 생활을 더 이상 못한다고 생각해야 한다.

군사기밀을 생명처럼 지켜라.

비문을 분실하거나 오인소각, 대외누설, 비문을 집으로 가져가는 등 무단으로 대외반출시 중징계를 받게 된다.
특히 음어를 분실하면 전군의 음어를 교체하여야 하는 상황이 발생하며, 찾을 때 까지 모든 부대활동을 중단할 수밖에 없는 상황이 벌어진다.
따라서 훈련 간 상황판에 도식한 기동계획이나, 음어 및 통신확인표를 잊어버리지 않도록 수시로 확인하여야 한다.
또한 용사들이 군사시설이나 무기 및 장비 등을 배경으로 촬영하여 SNS에 올리지 않도록 교육하고 통제하여야 한다.
군사기밀이 승인 없이 부대 밖으로 나가면 이적행위가 됨을 명심해야 한다.

여자문제는 깨끗해야 한다.

군 생활을 하면서 여자문제로 범죄자가 되거나, 불명예스럽게 전역하는 것을 많이 보아왔다.

휴가 중 술에 취해 성추행을 하거나 성폭행으로 구속되고, 부대에서 같이 근무하는 여군에게 성희롱 발언, 회식 간 성추행 등 인간으로서 해서는 안 될 행동을 하여 범죄자가 되는 경우도 있다.
군 생활을 하면서 가족 관리도 중요하다.
"修身齊家 治國平天下"라는 말은 본인과 가족 관리의 중요성을 잘 설명하고 있다.
가정에 문제가 없어야 부하 앞에서 떳떳해지고, 부대를 위해 헌신 할 수 있는 것이다.
군 간부는 현명하고 지혜로운 여자를 만나야 한다.
"00소령은 업무는 잘 하는데, 가족이 문제가 많아서......",
군 생활 하면서 많이 들었던 이야기 이다.
개인적으로 보면 능력 있고 똑똑한 장교가 결국 가족 때문에 진급도 안 되고, 현 계급에서 꿈을 접는 경우도 있다.
가족이 부하 가족들과 자주만나는 것은 문제가 있다고 보아야 한다.
가족이 부대 일을 언급하거나, 특정 간부를 잘 바 달라고 하는 것은 이미 넘어서는 안 될 선을 가족이 넘어 버렸다고 생각해야 한다.
아무것도 바라지 않고 아무 조건 없이, 상급자 가족과 차 마시고 놀러 다니는 것을 좋아하는 하급자 가족은 없기 때문이다.
이렇게 자기관리 속에는 가족 관리도 포함 된다.

돈 문제는 욕심 때문에 발생 한다.

상·하급자, 동료, 부하들과의 돈거래는 절대 하지 마라는 것이 군의 불문율이다.
아무리 친한 친구와도 돈거래를 해서는 절대 안 된다.
군인 봉급으로 외제차타고, 고급스런 옷 입고, 고급식당에서 식사하면서 살수는 없다.
자신의 형편과 신분에 맞게 검소하게 살려고 노력하는 것이 정답이다.
얼마 전까지만 해도 중·소위는 차량 구입을 못하도록 통제 하였다가 개인 인권침해문제가 있다하여 현재는 통제 안하고 있다. 그러나 사고위험도 있지만, 적은 봉급에 차량 할부금을 제외하면 남는 것이 별로 없다는 것을 알고 있기 때문에 통제를 하였던 것이다.

겉은 멋지게 포장 했지만 삶이 팍팍한 사람들이 있다.
그러다 보니 마이너스 카드 빚만 늘어나고, 점점 힘들다 보니 남의 돈에 욕심을 내다 결국 범죄자가 되고 만다.
인생은 한방이 없다. 인생역전도 없다.
천만분의 일도 안 되는 확률을 기대하는 것 보다는, 현재에 만족하며 사는 게 행복의 지름길이다.

음주운전하면 군 생활 끝난다.

군인이 음주운전을 하면 이중처벌을 받는다.
경찰에서는 면허취소에 범칙금을 부과하고, 군에서는 징계규정에 의거 징계를 하게 된다.
그래도 이만한 처벌은 감사해야 한다.
음주운전하다 염라대왕에게 걸리면 내가 죽거나, 상대방이 죽는다. 음주운전 교통사고는 보험도 적용이 안 된다.
대리운전비 2~3만원 아끼려다 목숨을 잃거나, 수억 원을 날려 버리는 바보 같은 짓을 해서는 안 된다.

나만 생각하는 이기주의자가 되지 마라.

지금부터 소개하는 사례는 전역을 6개월 앞둔 소대장이 KCTC 훈련에 참가해서 소대원 50%를 잃고 눈물을 흘리며 들려준 이야기다.
자신만을 생각하고 행동함으로서 자기관리에 실패한 사례이다.

『나는 KCTC 훈련 간 소대원 50%를 잃고, 20%가 낙오되어 전투에서 패한 비참한 소대장입니다.
소대장님! 어떻게 합니까? 라고 묻는 분대장에게 아무 말도 할 수 없었습니다.
소대장님! 하면서 쓰러지는 부하를 보면서도 아무런 조치를 할 수 없었습니다. 지금도 소대원들이 소대장을 원망하는 눈빛을 잊을 수가 없습니다.
나의 게으름과 무지, 나만 생각하는 이기적인 행동은 결국 전장에서 부하를 죽게 만든다는 것을 이제야 깨달았습니다.
나는 전역을 1년 앞두고 부대 임무보다는 개인적인 공부에만 집중했고, 일과시간에도 인터넷, 신문, 대학원 논문 작성에 더 많은 시간을 투자 했습니다.
일과시간이 종료되면 퇴근하기 바쁘고, 어쩌다 늦게까지 야근하는 것은 대학원 논문작성 때문 이였습니다.
훈련준비 등 모든 업무는 부소대장과 분대장이 도맡아 하다 보니 중대장에게 혼나면 소대원들에게 폭언·욕설로 화풀이를 할 수 밖에 없었습니다.
"알아서 잘 하겠지"라는 나의 생각과 행동이 부하를 힘들게 하고, 전투 간 부하를 잃을 수 있다는 것을 미처 생각하지 못했습니다.
간부 한사람의 잘못된 생각과 행동은 전장에서 부하를 죽음으로 몰아넣고, 적과 싸우면 백전백패 한다는 것을 이제야 알았습니다.
부하들이 하자는 대로 해왔기 때문에 소대장을 좋아하는 줄르 착각 했습니다.
이제 더 이상 나 같은 소대장이 없길 바랍니다.

내가 여기에 있는 이유는 적과 싸워 승리하기 위해서, 부하의 생명을 지키기 위해서라는 것을 알았습니다.
내 부하가 있기에 내가 현재 이 자리에 있을 수 있다는 사실을 뒤늦게 깨달았습니다.』
위 사례는 전역을 앞둔 소대장의 이기적인 행동의 끝은 결국 부대와 부하들에게 피해를 주고, 부하들로부터 원망을 받는다는 것을 말해주고 있다.
결국 간부의 자기관리 실패는 지휘통솔의 실패라고 보아야 한다.

항상 새롭게 내일을 준비하라.

간부는 자기관리를 위해 항상 새롭게 내일을 준비해야 한다.
군 생활을 하면서 아무리 힘들어도 잠들기 전에 나만의 일일성과 분석을 해보라.
오늘 하루는 미흡했더라도 반복된 실수를 하지 않기 위해서, 오늘보다 더 나는 내일을 기약하기 위한 자기관리 방법이다.
자기관리는 여기서부터 시작한다.
역사속의 유명한 장군들 중에는 소위 때부터 일기를 매일 작성한 사람들이 많다.
그들은 하루하루 철저하게 자기관리를 했던 것이다.

오늘 하루를 마무리 하면서 성과분석을 하는 방법은 나만의 틀을 갖고 하는 것이 효율적이다.
첫째, 부하들에 대한 분석이다
① 오늘 하루 힘들어 했던 전우는 누구인가?
② 나의 행동, 말 때문에 상처 받은 사람은 없었는가?
③ 오늘 나와 고충을 함께한 전우는 누구인가?

이렇듯 제일 먼저 부하를 생각하는 것은 전투현장에서 유일하게 나를 보호하고, 부상 시 나를 업고 뛸 사람은 내 부하 밖에 없기 때문이다.

둘째, 임무수행에 대한 분석이다.

① 지시된 사항은 완료 하였는가?
② 임무수행 중 가장 문제가 되었던 것은 무엇인가?
③ 오늘의 아이디어는?

셋째, 자신에 대한 분석이다

① 오늘 나와의 약속을 이행 하였는가?
② 타인과의 약속은 잘 지켰는가?
③ 오늘 내가 가장 잘한 것은 무엇인가?

이러한 사항들을 일기장에 기록하면서 자신을 뒤돌아보고, 더 나은 내일을 기약하는 것이 자기 관리이며, 발전적이고 생산적인 군 생활을 할 수 있는 방법 중의 하나이다.

가슴이 따뜻한 사람이 되어라

군 생활을 하면서 부하들로부터 존경 받고, 동료 및 상급자에게 신뢰를 받는 것은 모든 간부들의 소망이다.
그러나 한 쪽을 채우면 다른 한쪽은 부족한 게 현실이다.
둘 다 채우기 위해서 노력해야 하지만, 둘 다 채우고 싶다면 부하들의 마음을 먼저 채워야 한다.
이렇게 하면 동료나 상급자의 그릇도 덩달아 채워지게 된다.
즉, 부하들로부터 존경받는 간부는 상급자나 동료들에게도 신뢰를 받을 수 있기 때문이다.

부하들에게 존경받기 위해서는 따뜻한 마음을 가져야 한다.
가슴이 따뜻한 간부들은 칭찬을 먼저하고, 꾸짖음은 나중에 가볍게 한다.
부하가 일을 잘못했을 때 "고생했다. 그런데 다시 해야겠다. 이 부분이 중요한데 너도 착안 못 했지만 나도 말을 안 해준 것 같은데, 다시 한 번 해보자."이렇게 말 할 수 있어야 한다.
복장이 엉망인 상병에게 "오늘 바쁘구나." 복장을 바로 챙겨 주면서 "후임병들이 보고 있어. 넌 원래 깔끔하잖아"라고 충고 할 줄 알아야 한다.

용사들을 만나면 "박 상병 오늘 복장 정말 깔끔하다! 내가 더 기분이 좋아진다."라고 칭찬과 솔직한 감사의 말로 시작할 줄 알아야 한다.

상대의 실수를 직접 비판하지 말고 "김 일병 오늘 화단 작업 정말 잘했어, 내일 이것만 보완하면 완벽해질 거야"라고 간접적으로 지적하라

"내가 지시한 것이 좀 애매했구나, 미안하다"먼저 자신의 잘못에 대해 이야기하라.

직접적으로 명령하지 말고 "잘했어, 그런데 이러한 것도 반영되는 게 더 나을 것 같은데, 너는 어떻게 생각하니?"라고 질문을 하라.

잘못으로 인해 주눅이 들어 있는 용사에게 "잘하려다 보면 실수할 때가 가끔 있지, 내가 항상 응원하고 있으니까 너무 걱정하지 말고 다시 한 번 해보자" 라고 상대방의 체면을 세워줘라

"김 이병 정말 잘했어! 내가 기대 했던 것보다 더 잘해 주었어. 최고야!"라고 진심으로 인정하고 아낌없이 칭찬하라

"박 일병은 정말 책임감이 있어, 우리 소대원 중에서 박 일병이 제일인 것 같아"라고 상대가 듣고 싶은 좋은 평판을 해주어라.

"다른 사람은 너 가 인상만 쓰고 다닌다고 하지만, 내가 보기에는 조금만 더 밝은 표정을 하면 모두 너를 좋아 할 거야"라고 고쳐주고 싶은 잘못이 있으면 그것이 고치기 쉬운 것으로 보이게 하라.

"이건 정말 중요한 일이야, 그래서 아무에게나 말할 수가 없어. 그래서 김 일병이 수고를 좀 해줬으면 좋을 것 같은데"라고 임무를 맡길 때 상대가 중요한 존재가 된 것처럼 느끼게 만들어라.

충고를 하고 싶으면 상대방이 아닌 나의 입장에서 따뜻하게 해야 한다. 또한 감정이나 기분, 때와 장소 등 상황을 살펴 충고해야 한다.

충고의 최소조건은 믿음이다.

즉, 신뢰가 없으면 충고해서는 안 된다.

친구사이에도 너무 자주 충고하면 소원해진다.

충고 후 변한 게 없으면 나와는 생각이 다르다고 보아라.

계속 충고하면 충고가 아닌 강요가 되기 때문이다.

용사들은 마음이 따뜻한 간부, 현장에서 같이 하는 간부, 용사들의 마음을 헤아려 동기부여를 해줄 줄 아는 간부, 항상 열정적인 간부를 신뢰하고 존경한다.

가슴이 따뜻한 간부가 되려면 자신의 말투부터 고쳐 나가야 된다. 상대방의 말투를 보면 나를 좋아하는지 싫어하는지 알 수 있다.
좋은 사람에게는 사랑이 배어있는 다정다감한 목소리로 말한다.
그러나 싫은 사람에게는 딱딱하고 가시가 돋친 말투, 짜증 섞인 말투, 퉁명스런 답변, 성의 없는 답변, 자신이 할 얘기만 짧게 한다.
이렇게 말하면 화를 내는 목소리는 아니지만 상대방은 상처받고 미워하는 마음을 갖게 된다.
아무리 얼굴이 험악하거나 차갑게 느껴지는 사람도 따뜻한 목소리는 갖고 있다.

상급부대 검열이나 지도방문을 받아보면 같은 말을 해도 유독 상처를 많이 주는 사람이 있다.
검열은 잘못된 사항을 바로잡고 올바른 방향으로 지도하기 위한 활동인데, 예하부대의 잘못을 찾아내어 질책하기 위한 활동으로 잘못 생각하는 사람들이 있다.
이런 사람들은 거짓된 자기를 스스로 자신이라고 믿으며 마음에 평화를 얻는 리플리증후군 환자로 볼 수 있다.
이런 사람들의 공통적인 특징은, 모든 걸 부정적으로 받아들이면서 죄인 취급하듯이 추궁한다.
상대방의 의견은 변명이라고 듣지 않고, 결과만 갖고 질책 한다.
한명이 잠깐 실수 한 것을 전체의 과오, 또는 항상 일어나는 일로 단정 지어 버린다.
이렇게 부정적인 생각을 갖고 사는 사람은 상대방에게 깊은 상처를 주지만, 자신 또한 상처를 받는다는 것을 잊어서는 안 된다.

우리는 가끔 거울을 보면서 거울 속에 비추어진 나는 현재 어떤 모습 인가? 하고 자신을 뒤 돌아 보아야 한다.
항상 아랫사람을 괴롭히고 힘들게 해서 얻은 성과르 상급자에게 인정받고 최고가 되려고 하는 사람인가?
항상 고함치고, 화내며, 퉁명스럽고, 짜증부리는 사람인가?
항상 색안경을 끼고 다니면서 같이 회식해도 감시자 역할, 조그마한 실수도 주사가 있다고 헐뜯고 다니는 등 자신의 잣대로 상대방을 평가하고 있지는 않는가?
내 자신의 치부는 보지 못하고 남의 잘못만 말하고 다니지는 않는가? 라고 자신을 뒤 돌아 보고 잘못된 것을 고치기 위해 노력해야 한다.
젊었을 때 고치지 않으면, 나이 들면서 잘못된 행동인지 모르고 당연하고 정당한 것으로 착각하게 된다.
즉, 자신의 아집에 사로 잡혀 외롭게 살아 갈 수 있다는 것이다.

간부는 계급, 직책보다는 사람을 우선시하는 마음을 가져야 한다. 적어도 나 때문에 고통 받고 힘들어 하는 사람이 없도록 해야 한다.
잘못은 냉정하게 질책하더라도 따뜻함을 잊어서는 안 된다.
엄하지만 다정하고, 화를 낸 뒤에도 쉽게 다가갈 수 있는 사람, 항상 모든 사람에게 따뜻한 말을 건네는 사람이 되어야 한다.
우리가 인(仁)을 행하기는 어렵다.
그러나 어렵기 때문에 그만큼 가치 있고 보람이 있는 것이다.

올바른 언어 사용을 습성화 하라

간부는 올바르고 정제된 언어를 사용해야 한다. 친구들과 아무 생각 없이 하던 말투로 상급자나 부하들에게 똑같이 한다면 분명 문제가 있다.

군 생활을 하면서 잘못알고 사용하는 언어들도 많이 있다.
또한 군대 용어로 알고 잘못된 언어를 사용하는 경우들도 있다.
먼저 호칭관련 잘못 사용하고 있는 것들에 대한 예를 들면
"너네들 → 여러분들"로, "애는, 걔는 → 이 용사는, 그 용사는"으로, "내 소대, 내 부하"는 내꺼 라는 표현이 잘못 되었기 때문에 "우리 소대, 우리 부하"로 말해야 한다.
상대방을 부를 때 통상 "야 임마!" 라고 하는데 이 말은 욕설이다.
부하들에게 야!라고 부르는 것보다"김 상병, 이 일병"등이나 이름을 부르는 게 좋다.
잘 모르는 인원은 "용사"라는 호칭만 사용해도 된다.

군에서 계급이 낮아도 자신보다 연장자일 경우 높임말을 사용 하는 것이 기본예의이다.
일부 교육기관에서 장교들을 교육시킬 때 부사관 등 자신보다 계급이 낮을 경우 "님"자를 붙이면 안 된다고 교육한다.
잘못된 교육이다.
전투명령을 할 경우에는 "직책 또는 박 중사"라고 "님"자를 붙이지 않고 간결하게 하지만, 평상시에는 연장자에게 "박 중사님! 휴가 잘 다녀 왔습니까?", "박 상사님! 오늘도 고생하십니다."라고 말한다고 해서 자신의 체면이나 지위가 깎이는 게 아니라 오히려 존중 받는다.

특히 상급부대에서 검열이나 지도방문을 나왔을 경우 하사나 소위 등 나보다 계급이 낮아도 높임말을 사용하는 게 좋다.
즉, 간부의 계급이 나보다 낮아도 처음 보는 인원, 잘 알지 못하는 인원에게는 높임말을 사용하는 것이 기본예의이다.

교육이 잘못되고 있는 것 중 하나는 연대장급 이상 가족만 "사모님"이라는 호칭을 쓰고, 그 이하 계급의 가족은 "가족 분"이라고 해야 한다고 교육하는 것은 잘못된 교육이다.
소대장이 중대장 가족을 부를 때 "가족 분"이 아닌 "사모님"으로, 나보다 선배 가족에게도 "사모님"이라는 호칭을 사용 하는 것이 우리나라 예절에 맞다.
후배나 부사관 가족이지만 "사모님"이라고 호칭 하는 것이 기본 예의 이다.
이렇게 하여야 스스로 존경받을 수 있다.

간부는 비속어, 축약된 용어 등을 사용해서는 안 된다.
예를 들어, 식추 → 식사추진, 5대기 → 5분전투대기조, 하삼 → 하십시오, 넵 → 네, 알겠습니다 로 올바르게 사용해야 한다.
드라마나 영화의 영향으로 마치 군대용어인양 말끝에 "~하지 말입니다"라고 잘못 사용하는 용어도 있다.
그런데요 등의 " ~요"는 구어체 이다. 이러한 구어체는 공식적인 회의석상에서 거의 사용을 안 한다.
여기서 "~하지 말입니다"는 "~요"에 대한 적당한 방법을 찾아낸다는 것이 "~하시지 말입니다"의 표현이 된 것으로 보인다.
또한 옛날부터 군을 비하하는 용어인 "군바리 → 군인"으로, "짬밥 → 잔반"으로 말해야 한다.

군대는 상하 명령체계로 움직이는 엄격한 조직사회이다.
따라서 군대어법은 간결하고 명확하게, 맺고 끊음이 정확해야 한다.
즉, 하겠습니다, 알았다, 알겠습니까? 등으로 쓰는 것이다.
통상 "다 나 까"로 함축해서 말하는 것이 군대 용어로 알고 있는데 우리말의 표준어 이다.

사투리를 구수하게 사용하는 간부 보다는 표준어를 쓰는 간부가 되기 위해 노력해야 한다.
또한 "좆나", ×발, ×새끼" 등 말할 때 마다 욕을 달고 다니는 간부가 되어서는 안 된다.
학창시절 자기과시나 멋지게 보이려고, 친구들이 하니까, 아무 생각 없이 욕설을 했다면 더 이상은 용납이 안 된다.

언어는 당신의 인격이며 품격이다. 스스로 갈고 닦는 노력을 하지 않으면 안 된다.
간부는 아무리 화가 나도 욕설을 하거나, 상대방의 인격을 모독 하는 말을 해서는 안 된다.

소통하는 간부가 되라

소통은 생각의 차이를 확인하는 것이다.

소통은 말을 잘하는 게 아니고, 서로의 생각 차이를 확인하여 상대방을 응집하도록 만드는 것이다.
자기 생각만 일방적으로 주장하는 것은 소통이 아니라 일방적 지시이며 일방적 전달이다.
내 생각과 상대방의 생각이 어떻게 다른지 차이를 확인하고, 어떻게 할 것인지 의견을 물으면서 대화하는 것이 소통이다.

군에서도 여러 가지 현안업무에 대하여 토의를 많이 한다.
이러한 토의 과정을 보면 참석자의 의견을 듣는 것 보다는 대부분 상급자가 말을 많이 한다.
상급자 기준에 맞지 않는 의견을 제시하면, 개념 없는 놈으로 인식될까 두려워 의견을 제시 하지 않는다.
이러한 토의는 참석자의 의견 보다는 상급자가 갖고 있던 생각대로 결론이 날 수 밖에 없다. 즉, 상급자가 하고자 하는 것을 교육시키는 자리가 되어 버린다.

올바른 토의 방법은 토의 주제를 놓고 참석자들의 반대 의견이나 제한사항을 많이 들어야 한다.
반대의견이 없거나, 참석자들이 의견을 제시하지 않으면 주관자에게 문제가 있거나, 참석자들이 관심이 없는 경우이다.
토의를 하기 위해서는 토의 참석자 선정이 매우 중요하다.
생각이 같은 사람보다는 생각이 다른 인원을 많이 선정해야 하고, 이 분야에 어느 정도 전문성을 갖고 있는 인원을 참석 시켜야 한다.

토의 과정에서 리더에게 요구되는 중요한 능력은 서로 다른 의견의 조정 능력이다.
상대방의 입장을 알 아야 하고, 상대방의 관점에서 볼 수 있어야 조정을 할 수 있다.
리더가 자신이 추진하고 싶은 업무가 있어서 부하들의 의견을 묻는 자리라면, 부하들의 의견을 끝까지 다 듣고 나서 제기한 문제점이나 제한사항에 대하여 해결책을 제시하면서 이해 시켜야 한다.
상급자가 중간 중간 답변을 하게 되면 토의가 더 이상 진행이 안 되는 경우가 많다.

소통은 신뢰가 매우 중요하다.

자신의 마음을 터놓고 말할 수 있는 신뢰를 주지 않으면 마음을 닫아 버린다. 친구사이에도 신뢰를 잃어버리면 가슴속에 담아둔 말을 하지 않는다.
소대장에게 말하면 나의 고민이 해결 될 수 있다는 믿음과 신뢰를 용사들에게 평상시부터 주지 않으면, 아무리 힘들어도 말하지 않는다.
"왜! 중대장에게는 말하고, 소대장에게 말하지 않았느냐?"고 용사에게 화내기 전에, 내가 부하들에게 신뢰를 주지 못했구나 하고 반성해야 한다.

소통은 설득하는 과정이다.

어느 조직이든 갈등을 일으키는 사람들이 한두 명 쯤은 있다.
그들은 본인 스스로 규정을 지키면서 살아가는 정의로운 사람이라고 생각한다.
이러한 사람은 자신의 생각과 다르면 상급자나 동료, 하급자들과 의견 충돌을 자주 일으킨다.

그리고 자기중심적인 생각에 사로잡혀 내가아닌 다른 사람은 형편없다고 생각한다. 다른 사람들을 비난하고 심지어는 부대와 사회를 비난하기도 한다. 아집에 사로잡혀 똥고집을 부리고 있으면서도 자기 자신만 모르고 있는 것이다.
이러한 사람들은 통상 본인은 성격이 대쪽같이 강직하고 불의를 보면 참지 못하는 아주 정의로운 사람이라고 스스로 착각 속에서 살아가고 있는 사람들이다.
그러나 정말 강직하고 정의로운 사람은 상대방을 설득할 줄 아는 사람이다. 상대방의 생각이나 행동이 잘못 되었다고 생각되면 잘못된 것을 바로 잡기 위해 설득할 줄 알아야 한다.

군 생활을 하다보면 상급자와 의견이 안 맞는 경우도 있다.
이런 경우 먼저 상급자의 의견을 존중해 주고, 어느 정도 시간이 지난 후 다시 건의 드리는 지혜가 필요하다.
상급자 앞에서 계속 자기주장만을 말하는 사람은 우둔하고 바보스러운 사람이다.
또한 동료들과도 의견 대립이 있을 수 있다. 이러한 경우 동료의 생각이 잘못 되었어도 인정해주고, 조용히 설득할 줄 알아야 한다.
자기 생각만 언제나 옳다고 생각하는 사람, 좌충우돌하는 사람을 우리는 시한폭탄이라고 하면서 멀리 하게 된다.
이러한 간부는 예하부대 검열 시 잘못된 것만 찾고 다니면서 그 부대를 아주 형편없는 부대로 만들어 버린다.
방법이 잘못되었다고 상대방이 설득해도 듣지 않는다.
한 번도 설득해 본적이 없어서 상대방의 설득자체를 변명으로 받아 드리기 때문이다.

이러한 간부들의 특성은 본인은 부대를 위해 최선을 다한다고 스스로 생각하겠지만, 부대 발전을 저해하는 간부이다.
상대방이 잘못 생각하고 있다면 이해시키고 자신의 잘못을 인정하도록 설득할 수 있어야 한다.
인격적인 모독까지 하면서 질책하는 우둔한 간부가 되어서는 안 된다.

나와 생각이 다르다고 무시해 버리거나, 인간관계를 끊지 말고 설득해서 내 사람으로 만드는 지혜를 가져야 한다.

최선의 노력이 필요하다

당신은 최선을 다했는가의 물음에 어떻게 답변 할 것인가?
최선이라는 기준이 있기라도 한 것인가?
열심히 노력하는 것이 최선을 다한 것이 아닌가? 라고 생각 할 수 있다.

최선을 다한다는 것을 자신의 수준과 능력을 고려하여 노력한 결과라고 볼 수 있다.
예를 들어 A와 B가 100개의 영어단어를 암기해서 다음날 시험을 본다면, 시험결과를 보고 최선의 노력을 했는지 여부를 판단할 수 있을 것이다.
A는 암기력이 좋아서 1시간 만에 전부외우고 다음날 100점을, B는 3시간을 투자하여 전부 외워 100점을 맞았다면, 결국 A는 1시간을 트자한 것이 최선을 다한 것이고, B는 3시간을 투자해야 최선을 다했다고 볼 수 있다.
B가 A와 똑같이 1시간을 투자 후 80점을 맞았다면 B는 최선을 다하지 않았다고 볼 수 있다.

우리는 시험공부 등 모든 분야에서 다른 사람들과 동일한 시간을 투자하고서 성적이 잘 나오지 않는다고 투덜대고 있다.
성적이 잘 나오려면 공부를 잘하는 사람보다 2~3배의 시간을 더 투자하는 노력이 필요한 것이다.
이렇게 노력 하는 것이 최선을 다하는 것이다.
최선을 다하기 위해서는 목표가 주어지면 자신의 능력을 고려해서 시간과 노력을 더 투자해야 한다.
"이정도 하면 되겠지" 라고 스스로 만족 하지마라.

만족은 결과가 나온 후 해야 한다.
과정에서는 항상 부족하다고 생각하고 노력해야 한다.
군 생활을 하면서 유의해야 할 사항은 적당하게 하면 된다는 생각을 버려야 한다.
적당하게 하고서 후회하지 말고 최선을 다해야 한다.

최선을 다하는 사람은 과정은 힘들지만 결과는 아름답고, 즐겁고 행복한 생활을 할 수 있다.
군 간부는 교육기관 성적이 진급 등 각종선발에 반영되어, 군 생활이 끝날 때까지 꼬리표처럼 따라 다닌다.
합격, 불합격제도로 바뀌었다고 방심하지마라.
교육기관에서 공부를 열심히 하지 않으면, 군 생활 간 후회가 늘어간다.
그렇다고 성적우수자로 상을 받지 못하고 합격만 했다고 군 생활을 포기할 필요는 없다..
실무부대에 가서 최선을 다하면 충분히 역전이 가능하다.

군 생활을 하면서 상대방 보다 항상 못한다고 자책 하거나, 자신을 못난 놈이라고 비관하지 마라.
아무리 노력해도 동등한 성과를 달성 할 수 없는 것들이 있다.
근본적으로 머리가 좋은 사람, 체질적으로 운동을 잘하는 사람들을 따라 잡으려고 노력해도 동등해 지기는 어렵다.
우리가 흔히 말하는 DNA가 다른 사람과 경쟁 하면서, 비관하거나 불행하다고 생각할 필요가 없다는 것이다.
자신이 만족할 만한 목표를 설정하여 노력한 결과 성과가 있었다면 당신은 이미 최선의 노력을 다한 것이다.

자신의 현 수준과 능력을 고려하여 남들보다 더 노력 했다면 결과가 좋지 않아도, 최선을 다한 당신에게 박수를 보낼 수 있어야 군 생활이 즐겁고 행복해 진다.

상급자의도에 충실 하라

군 생활을 잘하기 위해서는 상급자의도 파악을 잘해야 한다.
무었을 요구 하는 것인지, 어떤 의도로 말을 했는지, 어떠한 성과를 바라고 지시 하였는지를 빨리 파악 하는 사람이 군 생활을 잘하는 사람이다.

상급자의도에 충실 하는 것은 군 생활의 시작이면서 끝이다.
군 생활의 전부라고 생각해야 한다.
상급자의도를 벗어난 자신만의 창의적인 아이디어는 혁신안이 아니라 쓸모없는 방안이다.
즉, 고집스럽게 자기주장을 내세우는 것은 강직한 군인이 아니라 아집에 사로잡혀 있는 군인이라는 것이다.

군 생활을 하다보면 나와 생각이 같은, 내 마음에 쏙 드는 좋은 상급자만 만나기는 힘들다.
정말 고약하고 성격이 더러운 상급자도 만나게 된다.
군 생활이 힘든 이유 중의 하나는 상급자와 코드가 안 맞는 경우이다.
도대체 "상급자와 나는 왜! 이렇게 안 맞는지 모르겠다, 하는 일마다 혼만 난다, 군 생활 정말 힘들고 어렵다." 라고 하면서 청운의 꿈을 접고 전역하는 간부들을 많이 보아 왔다.

다른 사람들은 칭찬하면서 왜! 나만 미워할까? 라는 생각이 들면 냉정하게 자신을 돌아다보아야 한다.
어디서부터 잘못 되었는가?

어떤 문제점이 있었는지 면밀하게 따져 보라.
여기서 중요한 것은 상급자의 문제점이 아닌 자신의 문제점을 찾아야 해답을 구할 수 있다.

군대는 상명 하복 체계이다.

말도 안 되는 무리한 지시라는 생각이 들어도, 법과 규정을 의반하지 않는 정당한 상급자의 지시는 반드시 수행하여야 한다.
내 생각을 고집해서는 안 된다.
내 생각과 다르다고 해서 상급자에게 못하겠다고 절대 말하지 마라.
무리한 지시라고 판단해서 지시사항을 수행하지 않거나, 전혀 다른 방법을 택하지 마라.
문제점이나 제한사항이 있을 경우 대안을 마련한 뒤 정중하게 건의 하라.
상급자가 지시 했는데 면전에서 "그건 안 됩니다"라고 계속 고집부리지 말고 "예! 알겠습니다. 검토해서 보고 드리겠습니다."라고 말한 후 어느 정도 시간이 지난 다음 다시 들어가 보고 드려라.
상급자에게도 생각할 시간을 주라는 것이다.
그래도 안 된다고 하면 지시한대로 수행하면 된다.
상급자의도를 잘 파악하기 위해서는 보고를 잘해야 한다.
군 생활은 "보고에서 시작하여 보고로 끝난다."라고 하는 말은 보고의 중요성을 강조한 것이다.
간부들이 가장 많이 혼나는 이유 중 하나가 보고를 하지 않거나 지연보고 하는 경우이다.
상급자가 무서워 보고를 하지 않고 있다가, 더 크게 혼나는 경우를 종종 보아 왔다.

보고는 시기가 중요하다.

상급자가 지시하면 시행 전에 "어떻게 하겠습니다."라고 보고한 후, 시행 간에 시간부족이나 병력동원 등의 문제점이나 제한 사항이 발생하면 그때그때 수시로 보고를 해야 한다.

임무를 완료한 후에는 성과 및 차후 보완사항 등을 포함하여 최종 보고를 하면 된다.

이러한 보고 과정에서 상급자와 대화하다보면 상급자의도를 명확히 파악할 수 있게 된다.

"하루에 10번 이상 상급자에게 대면 보고를 하겠다."라는 생각을 갖고 실행하는 사람은 군 생활을 잘할 수 있다.

회의가 아니면 보고하지 않거나, 결재 받을 것이 없으면 보고를 미루는 습관을 버려야 한다.

상급자가 바빠서 보고할 시간이 없다면, 점심 식사 시 식당 및 집무실 이동시간을 활용하여 보고 드려도 된다.

간부는 문서를 작성해서 상급자에게 보고 해야 된다는 생각을 버려야 한다. 훌륭한 참모는 노트에 적어가서 구두보고 후 결심을 받고 시행하는 참모이다.

이런 참모는 부서 실무자에게 보고서 작성 부담을 덜어주면서 지휘관과 소통을 잘하고 업무를 잘하는 참모다.

상급자는 한번 보고받고 다 기억하는 능력자가 아니다.

최초 계획보고 시 보고한 후 주간 예정사항이나 일일 예정사항에 포함하면 보고를 다한 것처럼 하다 혼나는 경우도 있다.

계획 보고 후 시행 1일전에 다시 한 번 구두보고를 해야 한다.

그리고 업무추진 간 중간보고, 시행 후 결과 보고를 반드시 해야 한다.
이렇게 상급자와 의사소통을 하는 것이 상급자의도를 정확하게 파악하는 방법이다.

대부분의 상급자는 하급자들에게 많은 것을 요구하지 않는다.
짧은 군 경력과 능력을 잘 알고 있기 때문에 가장 기초적이고 기본적인 것에 충실하길 바란다.
상급자는 보고를 잘하는 간부를 충성심이 강하고, 적극적으로 임무를 수행하는 간부로 판단한다.
또한 상급자의도를 잘 파악하여 임무수행을 완벽하게 수행하는 간부라고 말한다.

여유는 준비된 者에게 찾아 온다

이상한 나라의 엘리스에 나오는 하얀 토끼는 어디를 가는지, 왜? 가는지도 모르고 항상 바쁘게 움직인다.
군 간부는 하얀 토끼처럼 행동해서는 안 된다.
군 생활을 하면서 유독 정신없이 바쁘게 살아가는 간부가 있다. 늦게 출근하여 허겁지겁 상황회의에 참석하여 보고도 제대로 하지 못해 아침부터 혼나는 간부들이 있다.
10분만 빨리 출근 했어도 칭찬 받을 수 있는데 하는 생각이 든다.

중·소대장은 늦어도 20~30분전에 출근하여 지휘통제실에 들려 밤사이 부하들에게 문제점은 없었는지, 몸이 아픈 인원은 없는지 알아본 후 생활관에 들려 부하들 상태를 확인해야 한다.
참모는 아무리 늦어도 10분전에는 출근하여 상급부대나 예하부대로부터 접수된 공문이나 메일을 확인하고, 오늘 교육훈련 및 부대활동에 문제점이 없는지 확인하는 습성을 가져야 한다.
특히 교육 분야를 담당하는 간부는 악천후 시 1시간정도 빨리 출근하여 기상이변에 따른 교육훈련이나 부대활동 변경여부 등을 반드시 확인하고 조치하여야 한다.
아침 상황보고 시 가장 많이 혼나는 사항이 기상이변에 따른 조치사항을 확인하고 판단하지 않을 경우이다.

군은 연간 부대 운영계획, 월간계획, 주간훈련계획에 의거 모든 부대 운영이 이루어진다.

상급부대 지도방문, 검열, 각종수검도 최소 월간계획에 반영하여 시행하고 있다.
이는 예하부대의 부대 운영 변경사항을 최소화 하고, 안정적인 부대관리를 위해서 불시에 실시하는 훈련, 검열, 지도방문 등을 통제하고 있는 것이다.
그러나 어느 조직이든 갑자기 처리해야 하는 업무들이 많이 있다. 군에서도 계획을 수립하는 행정부서의 입장은 다르다.
수시로 하달되는 지휘관 지시사항, 보고시기가 촉박해서 지시되는 상급부대 요구자료 등 검토 하거나 현황을 종합하는 업무로 많은 시간을 보낸다.
업무를 하다 보면 계획된 업무와 수시업무를 동시에 처리해야 하는 상황이 종종 발생한다.
이럴 경우 야근을 해도 완료를 못해 지휘관에게 혼나고, 상급부대 참모에게 늦게 보고 한다고 혼나는 일들이 많이 발생한다.
본인 입장에서는 잠도 못자고 열심히 했는데 억울할 것이다.
그러나 수시업무가 있을 거라고 예측하지 못하고 계획된 업무를 느긋하게 처리한 본인 잘못이다.
따라서 연간 부대 운영계획에 반영된 업무는 미리 미리 준비해야 여유롭다. 특히, 예하부대의 병력이나 장비가 움직여야 하는 훈련이나 행사계획은 예하부대 준비시간을 고려하여 적어도 2주전에는 하달되어야 예하부대가 주간훈련예정표에 반영하여 계획된 부대 운영을 할 수 있다.

참모가 계획을 수립할 경우에는 현장 확인, 중간 및 최종결재권자에게 결재 받는 일정 등을 고려 사전에 작성하여 결재를 받아야 한다.
지휘관 휴가 등을 고려하지 않고 미루다 보고시기가 늦어 지휘관 및 부대에 누를 끼치는 경우도 있다. .

또한 예하부대에 보고를 요구할 경우에는 예하부대가 검토해서 보고 할 시간을 충분히 주어야 한다.
문서 작성 후 최종결재권자까지 결재 받는 일정 2~3일과, 문서통제를 받아 하달되는 1일, 예하부대에서 문서를 접수하여 각 부서별로 분배하는 1~2일을 고려 시, 내가 문서를 작성 후 결재를 시작하면 최소 4~6일후에 예하부대가 접수한다고 생각해야 한다.
예하부대 역시 검토를 해서 결재 받고 보고하려면 최소 1주는 소요된다.
이렇게 소요되는 일정을 고려해서 언제까지 보고하라고 지시해야 예하부대가 바쁘지 않고, 상급부대도 좋은 보고를 받을 수 있다.

군 생활을 하면서 여유롭게 업무를 수행하려면 지휘관 및 상급부대에 지휘주목을 잘 해야 한다.
상급부대 및 인접부대나 다른 부서의 흐름을 파악하지 못하고 계획된 업무만 열심히 하다보면 다른 사람보다 항상 한발 늦게 뒤쳐져서 갈 수밖에 없다.
여유는 준비된 자에게 찾아오는 것이다.
상급지휘관 교체 시기가 되면 군 인사시기를 확인, 사전에 업무보고 준비를 하여야 바쁘지 않다.
아무생각 없이 있다가 지휘관 교체 후 1~2일전에 업무보고 준비하느라 밤세우지 말고 사전에 준비해야 한다.

군 생활을 하다보면 사전에 준비하지 않고 임박해서 야근을 하면서 준비하는 사람들이 종종 있다.
본인은 열심히 한다고 생각 하겠지만, 상급자 입장에서 답답하게 생각한다. 본인은 완벽하게 준비 했다고 하나 이런 보고서는 대부분 졸작이다.
상급자 입장에서 보면 문제점이 많아 수정을 하려고 해도 보고 시간이 급박해서 그냥 결재를 하면서도 검토할 시간도 주지 않은 간부가 밉고, 업무 능력이 없는 것으로 평가 한다.

상급부대에서 검열이나 지도방문을 나온다 하면 야근하는 간브들이 늘어난다.
평상시 미루었던 면담일지 작성, 누락된 실습계획표 작성, 교육훈련결과 입력, 창고정리 등 할 일이 산더미처럼 쌓여 있다.
그러나 이렇게 바쁘게 준비해서는 검열을 잘 받을 수가 없다.
미흡사항이 너무 많다.
본인은 열심히 준비 했는데 미흡하다고 지적한 검열관이 야속 하겠지만, 본인 스스로도 준비한 사항을 확인하고 보완 할 시간이 없었는데 요행을 바래서는 안 된다.

사전에 준비하지 않으면 미흡분야를 보완할 시간도 없다.
야근 하면서 열심히 준비 했지만 성과가 없는 경우가 대부분 이런 경우이다.
결국 상급자 및 부대에 피해를 주는 행동을 한 것이다.
사전에 준비하지 않으면 모두가 피곤하다는 것을 알아야 한다.
여유는 준비된 자에게 찾아온다는 것을 명심하여야 한다.

효율적인 경영관리 마인드를 가져라

군은 거대한 국가예산을 쓰는 하나의 경영 조직이며, 소비 집단이 아닌 전투력을 창출하는 생산 집단이다.
따라서 간부들은 효율적인 경영관리 마인드를 갖고 부대를 지휘 하여야 한다.

군대의 고객은 사랑하는 아들을 군에 보낸 부모님과 그 가족들, 국민들이며, 품질향상은 전투력 창출임을 이해하고 적용할 수 있는 지휘통솔을 하여야 한다.
품질향상도 중요하지만 고객에게 서비스의 질도 향상 시켜야 모두를 만족 시킬 수 있는 것이다.

간부들이 효율적인 경영관리 마인드를 갖기 위해서는 작전지휘와 부대지휘를 다르게 적용할 줄 아는 지휘 능력이 필요 하다.
작전 시에는 엄함을, 평소에는 따뜻함을 보여 주어야 전투적인 사고와 행동을 갖추고 전우애로 굳게 단결된, 적과 싸워 이길 수 있는 강한 부대를 만들 수 있는 것이다.
이러한 군을 만드는 것이 군 간부들의 사명이며 책임이다.

간부는 군 생활 동안 함께한 전우들을 평생지기로 만들 줄 알아야 한다.
인생을 살면서 가장 큰 재산은 좋은 친구라고 한다.
이런 면에서 볼 때 30여명의 소대원을, 100여명의 중대원을 귀중한 친구로 만든다면 당신은 큰 재산가이며 성공 한 것이다.
나와 함께한 전우들이 전역하고 사회에 나가면 우리군의 고객이 된다는 것을 알고, 고객관리는 현재 군 생활을 같이하고 있는 전우들부터 귀중하고 소중하게 관리해야 우수고객이 될 수 있다.

또한 같이 근무한 상급자 및 동료, 하급 간부들을 내 사람으로 만든다면, 군 생활 동안 든든한 후원자가 될 것이다.
나는 군에 아는 사람도 없고, 나를 이끌어줄 사람도 없다고 하지 말고 군 생활을 하면서 만들어 가야 한다.

군 생활을 하면서 재산을 늘리는 방법은 이렇게 같이 근무하고 있는 소중한 인연을 평생지기로 만드는 것임을 알아야 한다.
소대장을 마치면 소대원 모임을, 중대장을 마치면 중대원 모임을 결성 하겠다고 지휘관(자)을 시작 할 때부터 생각하고 지휘하면 모두를 귀하게 여기면서 평생지기가 될 것이다.
또한 대대 간부모임, 중대 간부모임 등을 만들어 전출을 가더라도 서로 연락하면서 1년에 한두 번 모임을 갖게 되면 그들이 나의 든든한 후원자가 될 것이다.

간부는 현재에 충실 하는 삶을 살아야 한다.
바쁘다고 소리만 치고 불평하는 것은 불투명한 미래만 쳐다보고 오늘을 소홀히 하기 때문이다.
바쁜 그 자체가 현실에 충실하고 있다는 증거이며 행복한 미래이다.
군 생활을 어떻게 하면 잘 할 수 있을까? 라고 고민 하지 마라.
현재 주어진 일에 충실 하는 것이 미래를 보장하는 것임을 알아야 한다.

훌륭한 경영인은 현재 함께하고 있는 사람을 고객이라고 생각하고 귀하게 여긴다.
현재 하고 있는 일에 신명을 받치는 게 부대의 미래이며, 자신의 미래라는 것을 잘 알아야 한다.

블랙박스가 되지 마라

우리는 지나치게 과거에 얽매여 살고 있지 않나 생각해 볼 필요가 있다. 과거의 아픔과 슬픔, 행복에 빠져서 현재의 삶을 소홀히 함으로써 미래를 보지 못하는 우를 범하고 있지는 않는가?
옛날에는 정말 잘했는데, 젊었을 때는 펄펄 날았는데 이제는 아니라고 과거에만 집착하여 쉽게 포기 하는 경우가 많다.
그러나 우리가 잊고 살아가는 것이 있다.
과거의 행복했던 순간들은 그 시절에 정말 열심히 노력한 결과라는 것을 잊고 있는 것이다.
현재에 충실 하는 것이 아름다운 과거를 만들고 행복한 미래를 만든다.

차량 블랙박스처럼 과거만 담고 살아서는 안 된다.
블랙박스는 현재의 영상을 찍고 있지만 우리가 볼 때는 과거가 된다.
과거는 이미 지나간 거라고 훌훌 털어버리고 현재 하고 있는 것에 충실하면서 보다 더 나은 미래를 향해 뛰어야 한다.

과거에 너무 집착 하여 열심히 살아온 자신을 누르려고 하지마라. 그러면 현재 하고 있는 일에 대한 자신감이 없어진다.

세상에서 가장 슬픈 말은 무엇일까?
미국의 시인 존 그린리프휘티어는 "아! 그 때 해 볼걸"이라는 말이 가장 슬픈 말이라고 했다.
군 생활은 하다보면 각종 측정, 검열 및 경연대회 등 자신을 부각시킬 기회가 많다.
그러나 나보다 더 열심히 준비한 사람에게 항상 밀리면서
"아! 그 때 더 준비할 것"이라고 후회한다.
인간은 후회 없는 일만 하며 살아갈 수는 없지만, 적어도 똑같은 후회는 하지 않아야 한다.
과거는 참고사항이지 내 앞길을 밝혀주는 지표가 아니다.
과거에 집착하면 삶이 피곤해 진다.
한숨만 내쉬면서 살아서는 안 된다.
후회가 많은 사람의 삶은 항상 피곤하다.
"아무리 노력해도 나는 안 돼"라고 포기 하는 일이 많아지면서 자신감을 잃어 간다.

블랙박스에 담긴 내 삶에 연연하지 말고, 가장 멋지고 아름다운 순간들을 블랙박스에 담기위해 오늘을 열심히 살아야 한다.
블랙박스 영상이 필요하다면 아픔이나 고통스러웠던 과거보다는 행복한 순간들을 보는 것이 현명한 선택이다.

앞서 가려면 플러스 α를 하라

상대방보다 한발 더 앞서 가려면 한 가지를 더 준비해야 한다.
남들과 동일하게 준비해서는 두각을 나타낼 수 없을뿐더러, 더 뒤쳐져서 갈수도 있다.

군에서 승승장구한 사람들은 든든한 후원자가 있거나, 운이 좋은 사람들이 아니다.
그렇다고 진급을 못한 사람보다 능력이 뛰어난 것도 아니다.
그들의 공통적인 특징은 임무를 수행하면서 그때그때 마다 남들보다 하나를 더 준비한 사람들이다.
즉, 남들과의 차별화에 성공하여 자신의 능력을 인정받으면서 군 생활을 했다는 공통점이 있다.

필자가 지휘관 시절 병영식당 위생검열 시 3개 분기 연속 사단에서 1등을 한 참모가 있었다.
식당이 노후 되었는데도 항상 1등을 한 이유는 담당 참모의 참신한 아이디어의 결과였다.
점검표에 있는 기본적인 사항을 완벽히 준비한 후, 매 검열 시 마다 다른 부대에서 준비하지 않은 한 가지를 더 준비하여 집중적으로 부각시킨 것이다.
다른 부대와의 차별화를 위해 플러스 α를 한 것이다.

플러스 α를 하기 위해서는 기본적인 것을 완벽히 준비해야 한다.
이렇게 준비를 하다보면 준비과정에서 제한사항이나 문제점을 발견할 수 있다.

이러한 문제점이나 제한사항을 해결할 수 있는 방법을 찾아 제시하는 것이 플러스 α이다.

재직하면서 상급부대 지시사항이나 부대 자체적으로 보완 및 발전시킨 사항을 사진을 찍어 정리해 보라.
A4용지 한 장에 3~5가지사항을 사진과 함께 간략하게 요약하여 정리하면 된다.
상급부대 검열이나 지도방문 시 부대 발전상을 보여줄 좋은 자료가 될 것이며, 군 생활을 하는 동안 훌륭한 참고자료로 활용 할 수 있을 것이다.
현 부대에서 발전시킨 사항을 다른 부대는 적용하지 않고 있는 경우가 많다.
이러한 자료를 잘 활용하면 다른 부대로 전출 가서 플러스 ∝를 할 수 있다.

플러스 α를 하기 위해서는 여유가 있어야 한다.
미리미리 준비하면 어떠한 검열이나 지도방문도 자신 있게 받을 수 있고, 나를 알릴 수 있는 좋은 기회로 만들 수 있다.
항상 발전적이고 부대에서 꼭 필요한 존재가 될 수 있다.

PART 2

작은 배려로 따뜻한 부대를 만들어라

진정한 배려는 모두가 힘들고 지쳐 있을 때
남들이 하기 싫은 일을 내가 하는 것이다.

융통성은 법과 규정, 직책별 권한의 범위 내에서 행하여야 한다. 따라서 부하들과 약속하기 전에 나의 권한인지, 상급자의 승인이 필요한지를 잘 살피지 않으면, 신뢰를 잃을 수도 있다.

차이를 존중하라

군 생활을 하면서 구성원들의 생각이 모두 같을 수는 없기 때문에 자신과 다른 것을 존중하고 차이점 관리에 세심한 배려를 해야 한다.

각 부대는 남군 및 여군, 건강한 사람과 환자, 초보자와 베테랑 등 여려 계층으로 구성되어 있다.
이러한 소집단 내에서도 각각 개성과 성장배경이 다르고, 사회와 군 경험 등 무수한 차이를 갖고 있다.
이렇게 각자의 차이가 모여 조직에 기여 하는 것이다.
따라서 조직원들 모두가 다르기 때문에 서로의 차이점을 인정하고 존중해 준 다음에 공통점을 찾는 노력이 필요하다.
그런데 불행하게도 대부분의 사람들은 각기 다르기 때문에 기여가 아니라 문제를 만든다고 생각한다.
각자 개성을 갖고 있기 때문에 사물을 각자 고유한 시각에서 보고 일하는 방식에 대해 다른 의견을 제시 할 수 있다.
그러나 대부분은 이러한 차이를 무시하고 하나의 방법으로만 끌고 나가려는 경향이 있다.

간부는 이렇게 각기 다른 차이를 존중하고 이해하면서, 모두가 만족할 수 있는 지휘 방법을 끊임없이 연구하고 개발해야 한다.
A에게 사기올린 방법이 B에게도 똑같이 통할 거라고 생각해서는 안 된다.
차이를 발견 할 줄 알아야 하고, 다양성에 가치를 부여 하는 등 각기 다른 재능을 잘 활용 할 수 있어야 한다.

따돌림은 이러한 차이를 인정하지 못하기 때문에 생기는 것이다.
처음에는 어려울지 몰라도 자꾸 다름을 인정하고 이해하려 하면 당신도 곧 달라질 것이다.

운동을 잘하는 사람과 못하는 사람, 건강한 사람과 아픈 사람들이 있기 때문에 조직이 운영되는 것이다.
모두가 차이를 인정하고 서로 이해하면서 관심을 갖고 사랑을 베풀 때 군 생활이 즐거워지고, 부대 전투력도 향상 될 것이다.
지휘통솔은 다름을 인정하는 것에서부터 출발 한다는 사실을 잊어서는 안 된다.

내 사람으로 만들어라

인생의 가장 큰 재산은 사람이라고 한다.
이러한 측면에서 볼 때 군 간부들은 행운아이다.
나와 함께하는 전우들을 귀중한 친구로 만들 수 있기 때문이다.
군 생활을 하면서 만나는 전우들을 소중한 인연으로 생각한다면 평생지기를 많이 얻을 수 있다.
그러나 이러한 것은 그냥 얻어지는 게 아니다.
나와는 성장환경이 다르고, 생각이 다른 사람을 내 사람으로 만든다는 것은 결코 쉬운 일이 아니다.
여기서 내 사람으로 만드는 방법들을 제시하는 것은 일반적이고 공통적인 사항이므로 융통성 있는 적용이 필요하다.

관심을 보이면서 상대방을 감동 시켜라.

부하들은 간부가 자신에게 관심을 가지고 있다고 느낄 때 까지 그들은 간부들에게 큰 관심을 보이지 않는다.
왜냐하면 누군가가 진지하게 자신에게 관심을 가지고 있다고 생각될 때 사람들은 호의적으로 반응하기 때문이다.

휴가 중인 용사에게 격려 메일을 보내거나 개인 휴대폰 번호를 알아내어 카카오톡으로 안부 인사를 하는 방법도 있다.
이때 주의할 점은 교육이나 감시 받는다는 느낌을 갖지 않도록 해야 한다.

감기에 걸린 병사가 있다면 의무대에 데리고 가 약을 먹게 하고 쉬게 하는 방법도 있다.

부하 중에 아파서 군병원에 후송을 가거나, 연대나 사단 의무대에 입실 중인 용사가 있으면 휴일 등을 이용 방문하여 격려를 하는 등 진실된 관심을 보이는 게 중요하다.

힘들어 하는 용사가 있다면 커피한잔 마시면서 대화를 하면 작은 것이지만 상대방을 감동 시킬 수 있다.

중·소대원 생일날 축하엽서를 작성하여 편지함에 넣어두는 방법도 있다.

속이 좋지 않아 밥을 제대로 못 먹는 인원이 있다면 죽을 사서 전해주는 등 진솔한 마음으로 관심을 보일 때 상대방은 감동 한다.

잘못을 해서 군기교육대에 들어가 있는 용사를 찾아가서 따뜻한 위로를 전하거나, 사단 그린캠프에 들어가 있는 부하를 위문해 보아라.

특히 나와 함께하고 있는 전우들을 위해 쓰는 돈을 아까워하지 마라. 개인적으로 술 한번 안 먹으면 힘들고 고통 받는 인원을 불러 삼겹살에 소주 한잔 사주면서 고통을 들어 줄 수 있다.
무더운 여름날 땀 흘리고 고생한 소대원에게 고생 했다며 아이스크림 하나씩 돌려보라.
소대장을 바라보는 눈빛이 달라진다.
PX에서 소대원을 만나면 초코렛 하나라도 먹으라고 권해보라.
이렇게 정말 부하를 사랑하는 진솔한 마음으로 관심을 보이는 것이 중요하다.
겉으로만 관심을 표시하는 척하는 것은 금방 들통이 나고, 이러한 것은 오히려 나쁜 결과를 낳게 된다.

감사의 뜻을 표현하라.

우리는 누군가가 내가 한일이나, 자신을 인정해 주기를 기대한다. 인정을 받았다고 느낄 때 보상 받았다고 생각하면서 성취감을 얻게 된다.
감사의 뜻을 표현하는 방법은 일대일로, 때로는 전체 앞에서 칭찬 하거나, 개인 사물함에 메모지를 넣어 감사표시를 하는 방법도 있다.

사격에 항상 불합격 하던 인원이 합격했다면 개인 사물함에 조그마한 선물과 함께 "정말 잘했다. 넌 우리에게 소중한 존재야"라는 메모를 남긴다면 당사자는 모든 세상을 얻은 듯 기쁠 것이다.

잘못해서 어깨가 축 쳐진 용사에게 다가가 따뜻한 커피를 건네면서 "너무 실망하지 말고 힘내라. 그래도 너 가 노력을 많이 해서 우리소대가 잘된 거야. 고맙다"라고 격려 및 감사의 뜻을 전할 줄 알아야 한다.

부하들을 도구가 아닌 파트너로 생각하라.

부대는 도구들이 있는 곳이 아니고, 사람들이 호흡을 함께 하는 곳이다. 즉, 감정이 흐르는 곳이라는 것이다.
우리는 통상 부하들을 대할 때"야! 시키면 시키는 대로해"라고 말하곤 한다. 속된말로 "까라면 까야지 무슨 말이 많아"하면서 생각이나 판단을 할 수 없는 로봇 취급을 해버린다.
정말 잘못된 생각이다.
부하들은 도구가 아니라 파트너이다.

당신은 부하들의 행동을 빌리고 있는 것이지 결코 그들의 정신이나 인격을 사고 있는 것은 아니다.
따라서 용사들도 간부와 똑같이 일에 헌신해 주기를 기대하지 말아야 한다.

상급자들도 부하들에게 당신이 하는 것과 똑같이 밤늦게까지 남아서 일하고, 잔여 업무를 일과 후 집으로 가져가서 하고, 휴일에도 출근해서 업무를 하는 등 가정이나 개인생활을 희생해 주기를 바라지 마라.
여기서 트러블이 생긴다는 것을 알아야한다.
즉, 하루 24시간 육체적으로나 정신적으로 근무 중인 것을 원치 않는다는 것이다.
이러한 사실을 무시하면 조직을 떠나려는 사람이 많아지고, 음으로 양으로 불만을 표현하게 된다.

상급자나 동료들을 내 사람으로 만들어라.

부하들을 내 사람으로 만드는 것도 중요하지만, 인접 동료나 상급자를 내 사람으로 만들기 위해 노력해야 한다.
내 사람으로 만들기 위해서 가장 먼저 해야 할 일을 내 자신 스스로 업무를 잘해야 한다.
업무는 엉망으로 하면서, 밥이나 술을 대접 한다고 해서 상급자가 좋아하지 않는다.

동료나 상급자가 힘들고 어려울 때 문자 메시지나 메일을 보내 격려하고 위로하는 따뜻한 마음이 필요하다.
교육훈련 현장을 방문한 대대장에게 지적을 많이 받았다면, 부대에 복귀해서 "많은 지도에 감사드립니다, 잘 하겠습니다."라고 메시지를 보내라.
대대장 역시 혼을 많이 내 미안한 생각을 갖고 있었는데, 오히려 고맙게 생각 할 것이다.

동료나 상급자의 생일을 파악 해 놓았다가 축하 메시지를 보내는 방법도 있다.
상급자 가족이나 아이들 생일날 양말 한 켤레, 꽃 한 송이 등 작은 선물을 해보라.
물질적인 것보다는 인간적인 모습에 감동한다.

나와 함께 근무한 상급자나 동료, 하급자들이 전출을 가서 같은 부대에서 근무하지 않더라도, 명절이나 생일에 전화나 메일을 보내 축하와 감사 인사를 하게 되면 평생지기가 될 수 있다.
소대장이 연대장에게 축하메일을 보내는 것을 두려워 하지마라.
상급자는 항상 부하들의 따뜻한 마음을 기다린다.
유독 혼을 많이 내는 상급자를 두려워만 하지 말고, 나의 다뜻한
마음을 전하는 걸 잊지 마라.

내 사람을 만들기 위해서는 아주 작고 섬세한 관심이 필요 하다.
내 사람으로 만들기 위해서는 상대방을 감동시켜야 한다.
또한 상대방의 말을 들어주고, 존중해주며 이해해 주어야 한다.

인간관계에서 중요한 것은 미워하거나, 적을 만들지 마라는 것이다.
먼저 마음을 주고, 행동으로 보여주는 것이 내 사람을 만드는 비결이다.

下心을 가져라

下心은 낮은 마음이다.
나보다 낮은 위치에 있는 사람의 마음이 되어 보는 것이다.

왜! 우리는 서로에게 아픔을 주고 있는 걸까?
"네 가 먼저 했기 때문에 나도, 왜! 나한테만, 네 가 잘 하는 게 뭐야?" 등 원망 섞인 말로 상처를 준다.
나는 부대를 위해 헌신하고 있는데 너희들은 왜 못하지? 하면서 강요한다.
이렇게 상대방의 잘못만 지적하다 보니 상호간에 미움만 커지게 된다.
"내 탓이오"라고 한번만 생각하고 이해하면 원망도 아픔도 공포도 사라진다.

왜! 내 눈에는 잘 하는 게 보이지 않을까?
그것은 내가 해야 할 일, 내가 채워야 하는 것 까지 요구하고 있기 때문에 항상 부족해 보이는 것이다.
우리한번 가슴에 손을 얹고 생각해 보자.
해주기만을 바라고 있지는 않는지?
내가 해야 할 일을 스스로 하는 것이 솔선수범이다.

왜! 칭찬보다는 질책이 앞서는 걸까?
지나친 욕심을 갖게 되어 질책과 폭언·욕설로 이어지는 것이다.
또한 상대방의 입장 및 현재 상태를 고려하지 않고 내 판단, 내 기준에 의해 행동하기 때문이다.
눈높이를 낮추고 낮은 마음을 갖게 되면 잘하는 모습이 많이 보인다.

왜! 내가 미움을 받고 있을까?
"나는 최선을 다했는데, 할 바를 다 했는데"라고 상대방의 입장이 아닌 자신의 입장에서 만족을 느끼기 때문에 원망을 한다.

모든 문제의 출발은 나다.
그렇다고 모든 것이 내 탓은 아니다.
나뿐만 아니라 상대방도 잘못하고 있기 때문이다.
상대방의 입장에서 이해하려고 한번만 더 생각하면, 모든 게 좋아 보인다.
간부는 미움, 분노와 집착, 남을 꾸짖는 마음을 버려야 한다.
이것이 바로 下心 이다.

눈높이를 낮추어라

상대방에 대한 기대치가 높으면 높을수록 실망감도 커진다.
항상 1등을 하던 아들이 2등으로 떨어지면 부모들은 왜! 그렇게 못 했냐고 아들을 혼낸다.
그런데 항상 꼴지만 하던 아들이 꼴지만 면해도 잘했다고 칭찬한다.

군에서도 특등사수가 17발을 맞추면 사격을 잘못했다고 하면서, 항상 불합격하던 인원이 12발을 맞추어 합격하면 모두가 박수치고 칭찬 해준다.
이러한 현상은 상대방에 대한 기대치 때문에 생기는 것이다.

부하들을 대할 때 높은 수준을 요구하면 실망감 또한 커진다는 것을 알고 눈높이를 낮추어야 한다.
사격경연대회시 전원 합격에 목표를 두면 1등을 하는 경우가 많다.
눈높이를 낮추어서 합격에 목표를 두었기 때문에 준비과정에서 격려와 칭찬을 많이 하여 스스로 잘할 수 있는 동기부여를 했기 때문이다.
특등사수나 1등 사수에 목표를 두었다면 사격 시 마다 혼내고, 욕하고, 얼차려를 부여 할 수밖에 없다.
전체가 문제가 있다는 생각 보다는 눈높이를 낮추어 바라보면 모두가 훌륭하게 보인다.
어떤 관점에서 부하를 바라보느냐에 따라 부하들을 대하는 태도도 달라진다.

눈높이를 낮추기 위해서는 서로의 차이를 인정하고 요구하는 수준을 다르게 적용 하여야 한다.

아무리 교육해도 기억력이나 이해력이 떨어지는 사람은 정확한 답변을 할 수 없는데, 모른다고 혼을 내면 군 복무에 부적응 할 수밖에 없다.

『소대장 시절 중학교를 졸업한 00일병이 있었다.
이 병사는 암기력이 떨어져 전과제가 불합격 수준이었다.
소대전투력 측정 시 평가관에게 상황을 설명하고 00일병에게는 질문을 하지 말아 달라고 부탁을 하였다.
그런데 화생방 평가 간 이 용사에게 핵폭발 시 행동요령을 말해 보라고 질문을 하였다.
순간 소대분위기가 싸늘해지고 모두가 "아! 우리소대는 불합격이다"라고 생각하고 있는데, 이 병사는 답변을 하지 않고 갑자기 엎드려서 핵폭발 시 행동요령을 행동으로 보여 주고 있었다.
평가관이 이 병사의 행동을 보고나서 "이 소대 화생방은 100점이다, 입으로 말하는 것보다 모든 것은 행동으로 숙달 되어야 하는데 그것을 정확히 보여준 소대다."라고 말하는 것이다.
평가관이 나가고 나서 이 용사는 소대 문제용사에서 영웅이 되어 버렸다.』

그렇다. 한쪽이 약하면 다른 한쪽은 잘 할 수 있다.
이 용사처럼 암기력이나 이해력은 떨어져도 행동으로 하는 것은 잘 한다는 것이다.
간부는 이러한 차이를 관찰하여 목표를 부여해야 한다.
눈높이를 낮추라는 것은 전체 목표의 하향 조정이 아니라 각기 용사의 능력과 수준을 고려하라는 것이다.

부하 사랑은 짝사랑 이어야 한다.

살아오면서 짝사랑을 한두 번 안 해본 사람은 없을 것이다.
짝사랑은 아름답다. 그 사람이 하는 모든 것이 좋아 보인다.
그 사람이 원하는 것은 무엇이든지 해주고 싶다.
목소리만 들어도, 스쳐지나 가기만 해도 좋은 게 짝사랑이다.
그래서 짝사랑은 영원히 기억 되는 것이다.
주기만한 순수한 사랑이라서 오래오래 기억한다.
좋은 감정만 갖고 접근 했기에 항상 아름답고 좋아 보이는 것이다.
부하를 짝사랑하는 마음으로 바라보면 당신의 따뜻한 눈빛에 부하들은 행복해하고 당신을 오래오래 기억할 것이다.

짝사랑은 고백하는 순간 고통이 따른다. "내가 널 좋아하기 때문에 너도 나를 좋아해야 되는 거야"라고 요구하는 순간 미움이 생긴다.
바라는 마음이 집착을 만들고 고통만 커지게 된다.
미운 마음이 들면 목소리가 높아지고 심지어는 폭언·욕설, 구타까지 이어진다.

부하사랑은 짝사랑이어야 한다.
부하에게 바라는 마음보다 모든 것을 해주겠다는 생각, 좋은 감정을 갖고 접근하면 상대방은 영원히 당신을 좋아하게 될 것이다.
당신 또한 좋은 부하들로 영원히 기억하게 될 것이다.

부하는 배신감을 느끼는 대상이 아니다

군무이탈 사고를 조사하면서 해부대 지휘관(자)들이 배신감을 느낀다고 말하는 것을 종종 들었다.
"내가 얼마나 잘해주었는데, 내가 민간병원 까지 데리고 다니면서 치료해 주었는데"라고 배신감을 느낀다.
정성을 다해 보살핀 간부 입장에서는 배신감을 느낄 만하다.
그러나 다른 한편으로 생각해 보면,
배신감을 갖는다는 자체가 문제가 있다고 본다.
당연히 해야 할 것을 해놓고 "내가 이렇게까지 신경 써 주었으니까 넌 절대 사고치 면 안 된다."라는 사고가 지배적이기 때문에 배신감을 느끼는 것이다.
바라는 마음과 보상심리가 강하다 보니 배신감을 갖는 것이다.

간부들이 부하들에게 헌신하는 것은 당연 한 것이다.
부하들을 잘 관리해서 최고의 전투원을 만들라고 지휘관(자)으로 임명 한 것이다.
부하에게 배신감을 갖는 순간 실패한 지휘관이 된다.
부하는 배신감의 대상이 아니다.
배신감은 주고받는 동등한 관계일 때 성립한다.
부모와 자식관계처럼, 부하는 주는 대상이지 받는 대상이 아니다.
상대방에게 배신감을 느낄 때, 나의 요구가 큰 것이 아닌가 생각해 보아야 한다.

편애하는 순간 실패한다.

한 가정에서도 부모가 동생한테만 잘해 주면 동생은 형한테 미움을 받게 된다.
군에서도 간부가 한사람을 편애하는 순간 당사자는 부대원들의 시기와 질투의 대상이 되어버린다.
부모들이 자식에 대한 사랑을 비교하면서 열손가락 깨물어 안 아픈 손가락이 어디 있겠느냐? 라고 말하지만 정이 더 가는 자식이 있기 마련이다.
살다보면 마음이 끌리는 사람, 주는 것 없이 미운사람도 있지만 간부들은 이러한 것을 초월해야 한다.
적어도 마음속에만 간직하고 표현을 해서는 안 된다.
표현하는 순간 당사자는 외톨이가 되고 시기와 질투의 대상이 될 수 있다는 것이다.

지휘관이 특정 참모나 출신 후배를 편애하는 순간 조직은 멍들고 당사자는 왕따를 당하게 된다.
지휘관이 바뀌면 이전 지휘관에게 사랑받았던 간부가 군 생활을 힘들게 하는 경우가 많은 것도 전 지휘관의 지나친 편애가 원인이다.

간부가 특정 용사만 감싸 안으면, 선임병 들의 등살을 견디지 못해 군 생활을 포기하는 경우도 있다.
나만 좋아 해야 하는데, 저 사람을 더 좋아 하는 것 같다는 이기적인 생각이 시기와 질투를 불러일으킨다.

시기와 질투로 눈이 멀어지면 상상과 현실을 구분하는 능력이 떨어진다. 남녀관계, 전우들과의 관계에서도 마찬 가지이다.
시기와 질투는 모든 것을 왜곡하여 받아들이고 확인하려 들고, 확대 해석해서 사실화 하려고 한다.

미움은 시기와 질투에서부터 출발한다.
아무리 좋은 취지에서 출발 했더라도, 특정 인물을 편애하는 것은 잘못된 것이다.
나의 잘못된 생각, 잘못된 시선 때문에 한사람의 인생이 파괴될 수 있음을 알아야 한다.

친한 친구의 아들이나 동생 이라고 생각하라

용사들을 관리할 때 통상 지휘관은 아버지 입장에서, 부사관은 어머니 입장에서 아들처럼 대하고, 중·소대장은 형 입장에서 동생처럼 보살피라고 한다.

여기서 우리는 이런 말들이 혹 잘못된 것이 아닌가 생각해 보아야 한다. 우리나라 문화 특성상 부모는 내 자식이 혹 잘못 될까봐, 조그마한 잘못을 해도 꾸짖고 회초리를 들어 채벌한다.
형도 동생이 잘못하거나 함부로 행동하면 용서하지 않는다.
내 아들, 내 동생이 잘못된 길로 빠지면 안 된다는 생각 때문이다. 내 아들, 내 동생은 착해야 하고, 공부도 잘해야 한다는 욕심 때문에 잘못하면 회초리를 드는 것이다.
그러나 친한 친구의 아들이나 동생은 예뻐 보인다. 혹 잘못된 행동을 하면 충고는 하지만 적어도 욕하거나 때리지는 않는다.
잘못되어도 나와 직접적인 연관이 없기 때문이다.

그래서 생각을 바꾸어야 한다. 내 아들이나 동생이 아닌 절친 한 친구의 아들로, 친구의 동생으로 생각하고 보살펴야 된다.
나와 가장 절친한 친구가 특별히 부탁한 인원이라고 생각하고 보살피고 지도해주는 마음가짐이 중요하다.
잘못하면 친구를 잃게 되기 때문에 더 소중하게 관리 할 것이다.

'내 꺼다'라는 생각을 버려라

연애할 때는 항상 배려하고 다정다감하면서, 최대한 자신의 감정을 억제하던 사람들이 결혼 후 3년만 지나면 자기감정을 그대로 표출한다.
"고생 했어"하던 말이 "뭐하고 이제 오는 거야?"로 바뀌고,
"오늘은 뭐해먹을까?"라고 다정하게 물어 보더니 "아직 밥도 안주고 뭐하는 거야?"라고 화를 낸다.
남편이나 아내나 상대방에게 함부로 말하고 행동 하면서,
결국 싸우게 되고, 결혼한 것을 후회하고 심지어는 다시 남이 되어 버린다.

이 모든 것은 소유감 때문이다.
"내꺼다"라는 안도감이 사람을 변화시킨다.
내가 함부로 대할 수 있는 사람이라고 판단하여 감정을 그대로 표출한다.
내 아내, 내 남편이라 더 소중하고 귀하다고 생각하면서도, 함부로 대하는 대상이 된 것이다.

부모역시 내 자식이기 때문에 함부로 해도 된다고 생각한다.
군에서도 마찬가지다.
나와 같이 근무하는 내 부하이기 때문에 함부로 대한다.
인접부대 병사가 혹 잘못해도 못 본채 넘어가지만, 내 부하가 잘못하면 혼을 낸다.

우리들의 마음속에는 내 것은 함부로 해도 된다는 생각이 지배적이기 때문이다.

우리는 내꺼 라서 소중하고 귀 하다라는 것을 알고 있으면서도, 내 것을 지키는 방법을 모르고 있다.

소중한 내 남편, 내 아내, 내 아들, 내 부하는 잘못된 행동을 하면 안 되고 내 눈에 벗어나는 행동을 해서도 안 된다.
잘못된 행동을 바로잡아 올바른 길로 인도하기 위해서는 폭언·욕설, 구타를 해서라도 바로 잡아야 한다는 생각이 지배적인 것이다.

생각을 바꾸어야 한다.
내꺼 가 아닌 동반자라는 생각을 가져야 한다.
평생 동안 함께 할 동반자라 생각하라
나의 파트너라는 생각을 갖게 되면 모든 게 해결된다.

전투현장에서 유일하게 나를 보호하고, 부상 시 나를 업고 뛸 사람은 내 부하, 내 전우밖에 없다.
내가 함부로 대할 사람은 아무도 없다.
조금 부족하고 어눌하지만, 필요에 의해서 만나 같이 생활하는 소중한 사람들이다.

서로 이해하고 용서 하라

우리는 자신도 모르게 크고 작은 원망과 분노를 안고 살아가고 있다.
하고 싶은 일을 못하게 될 때, 갖고 싶은 것을 갖지 못할 때, 자신의 삶이 남보다 못하다고 생각할 때,
자신의 존재를 남이 알아주지 않을 때,
생각이 달라 자신의 의견이 무시될 때 원망과 분노가 일어난다.

사소한 의견 충돌에서부터 감당하기 힘들 정도의 억울한 일에 이르기 까지 크고 작은 원망과 분노는 우리들 가슴속에 항상 존재하고 있다.
이렇게 원망과 분노가 일어나는 가장 큰 이유는 자신의 욕망이 좌절될 때, 그 책임이 자기가 아닌 상대방에게 있다고 생각하기 때문이다.
즉, 눈앞의 이익에 모든 것을 걸고 집착함으로써, 그 이익에 반하는 상황이 발생하면 원망과 분노에 휩싸이는 것이다.

왜! 라고 묻지 마라
듣는 순간 상대방은 피해의식을 느낀다.
자신이 옳다고 주장하고, 같이 비난하고 원망하면 서로 감정의 골이 깊어져 세세생생 원수가 되어 서로의 삶은 비참해진다.

용서는 이렇게 해야 한다.
생각이 맞지 않는다면 먼저 자신의 작은 잘못부터 고쳐야 한다.
괴롭히는 상대에게 자신이 무엇을 잘못했는지 물어보아야 한다.
상대의 입장을 이해하지도 못하고, 자신의 잘못도 모르면서 상대를 모두

용서했다고 하는 것은 스스로를 속이는 것이다.

상대의 잘못에 대해서는 그를 위하는 마음으로 지혜롭게 대처해야 한다.
스스로 깨달을 때까지 한없이 기다리거나,
크게 꾸짖고 충격을 주어 잘못을 빨리 깨닫게 하는 방법도 있다.
그래도 고쳐지지 않는다면 자신의 지혜가 부족함을 탓하는 것이 바른 용서이다.

이러한 용서는 상대방에게는 스스로의 잘못을 깨우치게 한다.
자신을 비난하고 괴롭히는 상대방을 가장 완벽하게 용서하는 것이 자신이 가장 편안해지는 비결이다.

내 잣대가 굽어 있다면?

내 잣대로 상대방을 평가해서는 안 된다.
내 잣대가 똑바르지 않고 굽어 있다면, 과연 올바른 판단이라고 할 수 있는가?

통상 우리는 자신의 기준으로 세상을 바라보면서 옳고 그름을 판단하고, 좋은 사람 싫은 사람으로 구분 하려든다.
내가 생각하는 것과 다르면 인정하려 들지 않는다.
도저히 이해 할 수가 없기 때문에 상대방을 멀리하려 하고, 심지어는 문제아로 분류한다.

선생님은 학생이 담배를 피우면 무조건 문제아라고 본다.
그러나 본인은 친구들의 권유로 호기심에 처음 피워본 것뿐이다.
부모는 자녀가 늦잠을 자면 게으르다고 혼낸다.
요즈음 밤늦게 공부하다 보니 잠이 부족해서 늦잠을 잔 것이다.
청소년이 어른에게 대들면 "버릇없다, 싸가지 없다"라고 혼낸다.
나는 대든게 아니고 어른에게 그게 아니라고 정당하게 말한 것이다.
군에서도 부모가 이혼한 가정이면 무조건 도움용사로 분류해서 관리한다.
그런데 이 용사는 인성도 좋고 모든 면에서 문제가 없다.

우리는 냉정하게 생각해 보아야 한다.
올바르다는 기준이 나만의 것인지, 모두가 인정하는 것인지를 생각해 보아야 한다.
나만이 올바르다고 하는 것은 그동안 착각 속에서 살아온 것이다.

우리는 살아오면서 억울하게 누명을 쓰거나, 잘못도 없는데 일방적으로 혼난 경험들이 있을 것이다.

간부는 부하의 잘못된 행동을 보았을 때, 화를 내면서 꾸짖기 전에 법과 규정을 위반한 것인지, 내가 보지 못한 어쩔 수 없는 사정이 있는 것인지 따져보고 처리해야 한다.

내 잣대가 굽어 있다면 상대방에게 깊은 상처를 남기게 되고, 친한 친구 한명이 잃게 된다.

세상의 모든 원망과 미움은 내 잣대로 상대방을 보기 때문이다.

눈에 보이는 현상에 집착하지 마라

우리가 세상을 살면서 가장 크게 실수하는 것은, 현재 눈에 보이는 현상만 보고 판단하는 것이다.
내가 보지 못한 사각지역이 있다는 것을 미처 생각하지 못하고 상대방을 평가한다.
다음은 현상만 보고 잘못 판단했던 사례들이다.

먼저 술 주사가 심한 간부의 이야기 이다.
『술만 마시면 술상을 엎거나, 술병을 깨고 시비를 거는 간부가 있었다. 주사가 심하여 같이 술을 마시려하는 사람이 없었다.
그런데 놀라운 것은 주사가 있는 간부가 다른 팀하고 술을 먹을 때는 아무리 술을 많이 마셔도 주사가 없었다.
그래서 시간을 내어 대화를 해보니 같이 술을 먹는 몇 몇 사람과 오해가 있어, 평소에는 말을 안 하고 있다가 술만 먹으면 폭발 했던 것이다.
이러한 문제를 알고 나서 오해를 풀고 서로 사과를 한 후에는 모두가 즐겁게 술을 마실 수 있었다.』

해안 소초장이 억울함을 호소한 사례이다.
『해안소초 지도방문을 나갔던 사단 참모가 소초장이 형편없다는 말을 하고 갔다. 용사들은 재설작업을 하고 있는데, 소초장이 생활관에서 누워 있었다는 것이다.
사실 확인결과 소대장이 용사들과 함께 재설작업을 하다, 10분간 휴식을 주고 소대장은 생활관에 들어와 잠깐 누워 있었는데, 휴식 중이던 용사들이 군용차량을 보고 휴식을 안 하고 재설 작업을 실시했던 것이다.』

간부들로부터 모범용사로 불리던 용사가 후임병들을 구타하고 가혹행위를 해서 구속된 사례이다.
『00상병은 항상 어렵고 힘든 일의 현장에서 솔선수범하는 용사로 모든 간부들이 알고 있었다. 간부들의 눈에 띠는 모습은 항상 적극적이고 열심히 하는 용사였다. 그러나 사건이 발생하여 조사과정에서 들어난 사실은 충격적이었다.
간부들이 작업지시를 하고 자리를 뜨면, 후임병들에게 일을 시킨 후 본인은 쉬고 있다가 간부가 다시 올 시간이 되면 후임병들을 쉬게 하고 본인이 잠깐 동안 일 하는 것을 간부들에게 보여 주면서 신뢰를 받아 왔던 것이다.
이러한 과정에서 자신의 입지를 강화하기 위해 후임병들을 괴롭히고, 때리는 등 못된 짓을 지속적으로 한 사실이 발각되어 결국 구속되어 형벌을 받은 것이다.』

이렇게 현재 잠깐 동안 눈에 보이는 현상만 보고 판단하고, 행동하면 실패 확률이 높다.
간부는 현재 눈에 보이는 현상도 중요 하지만 그 이면에 있는 사항도 잘 확인해야 한다.

획일적인 배려에 유의하라

배려(配慮)의 사전적 의미는 '여러 가지로 마음을 써서 보살피고 도와준다.'는 뜻이다.
영어의 Care는 '보살피다, 마음 쓰다, 돌보다, 관리하다.'라는 뜻으로 쓰인다.
공자는 "내가 원하지 않는 바를 남에게 행하지 마라", 논어에는 "네가 하기 싫은 일을 남에게 시키지 말라"하였다.
내가 원하지 않는 것, 하기 싫은 것을 상대방에게 강요하지 않는 것이 바로 배려이다.

배려의 가장 좋은 모습은 상호간의 배려이다.
상호간 배려를 하려면 힘 있는 자나, 계급이 높은 사람이 먼저 배려해야 한다.
군에서도 "상급자는 하급자를 배려하고, 간부는 용사들을 배려하라"고 강조하고 있다.
내가 먼저 배려하면 상대방도 나에게 배려하게 되어 있다.

우리는 상대방에게 친절하게 잘해주는 것, 이해 해주고 용서해 주는 것이 배려의 모든 것이라고 착각하고 있다.
하급자에게 폭언을 하거나 구타 및 가혹행위를 한 인원을 용서 해주는 것이 배려라고 생각해서는 안 된다.
당시 상황을 판단 할 때 이해는 할 수 있으나, 용서를 해서는 안 된다. 한 명을 죽게 하여 범죄자가 되기 전 에 규정에 의거 처벌하는 것이 구타 및 가혹행위를 한 인원에 대한 배려라는 것을 알아야 한다.
그러나 법과 규정에 의거 무조건 처벌 하는 것이 배려라고 볼 수는 없다.
이해하고 용서할 수 있는 것은 용서를 해야 배려다.

간부는 획일적인 배려에 유의해야 한다. 체력단련을 위해 체력이나 신체조건을 무시하고 전 인원을 대상으로 매일 팔굽혀펴기 50개를 시키면서 체력단련 및 개인건강을 위한 배려라고 말 할 수 있는가?
신체가 허약하거나, 허리가 아픈 인원은 매일 가혹행위를 당했는데 어떻게 배려라고 볼 수 있는가?
개인의 지병이나 신체조건을 고려 해주는 것이 진정한 배려인 것이다.

배려는 잣대의 기준이 달라야 한다.
모두에게 공평하게 적용하는 것이 최선의 배려하고 생각해서는 안 된다.
개인의 능력과 수준, 건강상태 등을 고려하여 여기에 맞는 임무를 부여 하는 것이 진정한 배려다.
또한 부하들이 하자는 대로 하는 것, 요구하는 것을 다 들어주는 것이 배려라고 생각해서는 안 된다.
의견을 들어주되, 부대를 위해 최선의 방법을 결정하여 성과를 달성 하는 것이 부대원에 대한 배려이다.

칭찬하는 부대를 만들어라

인간관계에서 가장 중요한 것은 상대방을 인정하주고 상대방의 장점을 찾아 칭찬해 주는 것이다.
그러나 우리는 칭찬에 익숙해 있지 않다.
어려서부터 "형이 내꺼 빼앗아 갔어, 동생이 말 안 들어"라고 잘못된 것만 말하는 게 습관이 되어 칭찬하면 괜히 쑥스럽고 오금이 저릴지도 모른다.

병사들에게 선임병이나 후임병에 대해 5가지 이상 칭찬해보라 하면 대부분이 "잘해줍니다, 인간성이 좋습니다."가 전부이다.
2가지 이상을 칭찬하지 못하고 있다는 것이다.
친한 친구, 부모님, 사랑하는 아들에 대해 몇 가지를 칭찬 할 수 있겠는가? 5가지 이상 칭찬하기가 힘들 것이다.

병사들에게 상대방에 대해 5가지 이상 칭찬하도록 만들어 보라
부대 분위기가 달라진다.
칭찬거리를 찾기 위해 선임병은 후임병의 잘하는 모습을, 후임병은 선임병의 좋은 모습들만 보게 된다.
폭언·욕설, 구타 및 가혹행위 근절 교육보다 칭찬하는 부대를 만드는 게 더 효과적이다.
칭찬운동을 시작하기 전에 상대방의 어떤 점을 칭찬 할 것인지를 알려 주어야 한다.
당연한 것을 칭찬하고, 작은 변화를 인정하며 칭찬, 열심히 한 사실이나 그 과정을 칭찬, 소속집단이나 이름과 출신지역 및 출신학교를 칭찬, 단점을 칭찬하고 알아차린 모든 것을 칭찬 하도록 유도하여야 한다.

부대나 부하에게 관심이 없는 간부는 칭찬거리를 찾지 못한다.
교육 후 간부가 앞장서서 칭찬해야 한다.
전투일일결산 시 간부가 1명씩 칭찬하고 상점을 부여하여 분위기를 조성해 나가야한다.
전 장병이 5가지 이상을 칭찬하도록 유도하고, 5가지 이상을 칭찬하는 사람에게 상점을 부여하는 것이다.
예를 들면 부대 5가지 자랑, 후임병 5가지 칭찬, 선임병 5가지 칭찬, 중·소대장에 대한 5가지 칭찬 등을 하도록 해야 한다.
중·소대 게시판에는 오늘의 칭찬 주인공을 이름만 게시하고, 중대원들이 칭찬 주인공에 대한 칭찬 내용을 각자 하나이상 기록 하도록 하는 것도 효과가 좋다.

모이면, 만나면 칭찬 하도록 해보라. 3개월이 지나면 부대 분위기가 달라진다.
칭찬하기 위해 상대방에게 관심을 갖게 되고 대화가 늘며, 칭찬 받기 위해 노력하는 분위기가 형성된다.
나를 괴롭히는 인원이 있으면 의도적으로 칭찬해보라.
미안해서 더 이상 괴롭히지 않는다.
여기서 중요한 것은 간부들이 이러한 칭찬거리를 부대의
"칭찬 합시다"게시판에 게시하는 노력을 병행해야 한다.

칭찬을 많이 하는 부대는 각종 평가나 측정, 경연대회 시 항상 상위 그룹에 들어간다.
전부대원이 적극적이고 긍정적이며, 열정적이다.
폭언·욕설이 사라지고 고함치는 인원도 없다.

칭찬을 받기 위해 모두가 스스로 노력하는 아름다운 모습이 연출된다.

그러나 칭찬이 없는 부대는 아무리 노력해도 항상 결과가 좋지 않다.
"너 때문에"라는 인식이 팽배하고 불신과 불평, 불만의 소리가 높다.
폭언·욕설이 끊이지 않고 큰소리치는 인원이 많으며, 지적사항 만 눈에 보이는 부대로 전락한다.
이러한 부대는 군복무 부적응 인원이 많고 사고도 많이 발생 한다.
『해안부대 지휘관으로 보직되어 1주일이 지났을 때, 근무태만으로 3번째 영창을 마치고 복귀신고를 한 상근예비역이 있었다.
근무 간 자거나 잠깐 근무지이탈 등이 적발되어, 지금까지 총 45일간 영창 생활을 한 것이다.
문제는 영창에서 복귀한날 초소 근무를 하면서 또다시 졸고 있어, 대화를 해보니 마음대로 하라는 식의 자포자기 상태였다.
상급부대에서 1년이 넘게 근무태만 자는 무조건 영창을 보내면서 근무기강을 강력하게 추진하고 있었는데, 상황은 더 악화 되어 있었다.
근무태만 인원이 더 늘어나고, 해안을 경계하는 것이 아니라 순찰자를 경계하는 분위기가 만연 되어 있었다.

그래서 선택 한 것이 칭찬하기 운동 이였다.
초소에 칭찬 게시판을 부착해놓고 순찰 간 근무를 잘한 인원이나, 상대방을 5가지 이상 칭찬하면 칭찬 스티커를 부착해 주었다.
1개월 단위로 포상을 하면서 추진한 결과, 6개월 후부터 효과가 나타났다.
초소에서 졸거나, 근무지를 이탈하는 용사가 없었다.
칭찬받기 위해서 초소주변을 항상 청결하게 유지하고, 순찰 자가 오면 항상 자랑하고 칭찬하는 분위기로 바뀐 것이다.

상급부대에서 순찰을 나와도 우리부대는 근무 잘 한다고 칭찬을 많이 하였다.
중요한 것은 칭찬운동 이후 근무태만으로 영창을 가는 인원이 한 명도 발생하지 않았다.』

나를 인정해주고 좋아하는 사람이 나에게는 최고인 것이다.
머무르고 싶은 집, 숨이 막혀 바로 일어서고 싶은 집, 당신은 어느 집 에서 살고 싶습니까?

칭찬이 만족을 낳고, 만족은 성과를 낳고, 성과는 칭찬을 낳고, 칭찬은 존경을 낳고, 존경은 성취를 낳는 사이클이 반복되는 지휘가 필요하다.
이렇게 하면 모든 구성원들이 칭찬받을만하다 싶으면 일에 뛰어들게 되고, 모두가 열심히 하는 부대 분위기가 만들어진다.

긍정적인 마인드를 갖게 하라

살아가면서 상대방으로부터 무시당하는 것이 제일 참기 힘든 고통이라고 한다.
군 생활도 마찬가지이다.
군 생활을 하면서 가장 힘든 것은 육체적인 고통보다는 정신적인 고통이다. 항상 혼나기만 하고, 동료들의 무관심과 무시하는 말투 등 때문에 소외감을 느끼면서 이러한 것을 견디지 못해 자살하거나 군무이탈을 한다.

부대를 방문해서 그 부대의 게시판, 화장실 등에 있는 문구를 보면 긍정적인 부대인지, 통제하고 강요 하면서 억압하는 부대인지 금방 알 수 있다.
화장실에 가보면 "화장실에서 담배를 피우면 영창 7일", 건물주변에는 "담배꽁초를 바닥에 버리면 벌점 15점" 등 강요하고 억압하는 글로 가득 차 있다.

상·벌점 게시판에 상점보다는 벌점위주로 점수가 부여 되어 있다면 긍정적인 부대라고 볼 수 없다.
이 부대는 잘하는 것보다는 잘못하는 것만 찾는 부정적인 면이 많은 부대이다.
이러한 방법은 벌점을 피하기 위해 미꾸라지처럼 요리저리 빠져 나가는 부하를 만든다.

이제는 생각을 바꾸어야 한다.
통제, 강요, 억압 등의 지휘방법에서 탈피하여 인정과 칭찬을 통해 자발적으로 움직이는 부대를 만들어야 한다.

상 · 벌점 게시판을 상점게시판으로 바꾸어야 한다.
벌점을 받아야 할 인원은 상점이 상대적으로 적기 때문에 결과는 똑같다.
잘하는 인원을 식별해서 포상하는 방법은 조직 구성원들에게 긍정적인 마인드를 심어 주어 잘하는 것만 눈에 보이는 효과가 있다.
또한 "~을 하지 마라"에서 "담배꽁초를 주우면 상점 5점" 등으로 통제하면 부대에 담배꽁초가 없을 것이다.
용사들이 경례동작이나 "충성"구호소리가 작다고 질책하지 말고, 간부들에게 경례 잘하는 인원에게 칭찬스티커를 주도록 하여 주 단위 또는 월 단위로 경례 잘하는 인원을 선발 포상휴가를 부여하면 경례소리가 커지는 등 부대분위기가 달라질 것이다.

부대원들을 긍정적인 마인드를 갖도록 만들어야 한다.
긍정적인 사고를 갖고 있는 사람은 항상 Yes로 답변한다.
남을 배려할 줄 알고 사랑을 베풀 줄 안다.
긍정적인 마인드를 갖게 하려면 동기유발이 중요하다.

PART 3

임무수행을 잘하려면 이렇게 하라

30% 하기 싫은 일을 해야
70% 좋아하는 일을 할 수 있다

지휘관이 올바른 결정을 하기 위해서는 최소한 10번 이상의 고뇌를 한 흔적이 있어야 한다.

상급자의도를 잘 파악하라

간부는 직책에 따라 다양한 임무가 부여된다.
임무를 부여 받고 쉽게 해결할 수 있으면 다행이지만, 결코 쉬운 업무가 아니기에 고민하게 되고, 진행과정에서 엄청난 스트레스를 받게 되는 경우가 많다.
또한 어떤 업무는 시간적인 여유 없이 촉박하게 수행해야하는 것도 있다.
어떻게 하면 상급자의도 대로 임무를 잘 수행 할 수 있을까?라는 생각은 임무를 부여받은 자의 일반적인 고민이다.

그러나 상급자의도를 파악한다는 것은 결코 쉬운 일은 아니다.
그렇다고 상급자에게 자세하게 확인해볼 수도 없다.
어쩌다 용기를 내어 물어보면 "네 가 알아서 해, 내가 일일이 그런 것까지 알려주랴"는 등으로 구박을 받는 경우도 있다.
그래서 나름대로 상급자의도를 파악해서 임무를 완수하고 나면 상급자와는 정반대의 개념으로 하는 경우가 허다하다.
결국"개념이 없다, 뭐했느냐, 생각이 없어"라는 말을 들으면서 혼이 난후 다시 하는 경우가 부지기수다.

상급자의도를 명확하게 파악하기 위해서는 먼저 부여된 임무와 관련된 법과 규정이나 상급부대 지침, 관련교범 등을 확인하여야 한다.
관련법은 인터넷 국가법령정보센터에서 확인이 가능하며, 규정은 육군규정이나 사단내규 또는 예규를 확인 하고, 상급부대 지침은 하달된 문서를 보면 된다.

상급자 역시 관련법과 규정 및 지침을 알고 있기 때문에, 하급자가 모르면 상급자의도 파악이 어려워진다.
관련규정을 확인한 다음에는 업무추진 간에 수시보고를 하면서 정확하게 의도를 파악 하여야 한다.

다음은 상급자의도를 파악하는 방법에 대해 알아보겠다.
대대장으로부터 차단선상 전방에 1개 분대 규모의 추진진지를 구축 하라는 지시를 받았을 경우에 대대장 의도를 어떻게 파악해야 할까?
먼저 추진진지 구축임무를 부여 받으면, 지도에 추진진지 위치를 도식한 후 대대장에게 보고하여 추진진지의 정확한 지점에 대해 결심을 받아야 한다.
대대장의 결심을 받은 후, 추진진지 구축장소에 가서 지도에 각 진지위치, 투입로 및 철수로, 차단진지와 추진진지의 거리 등을 표시하고, 진지요도를 그려 주 사격방향, 진지규격, 장애물설치 위치 등을 표시하여 대대장에게 다시 보고 해야 한다.
이때 스마트폰으로 해당지역을 촬영하여 사진에다 표기하여 보고하면 금상첨화이다.
이러게 일련의 과정을 거치면서 상급자의도를 명확하게 파악 하여야 한다.
진지공사 중간 중간에 수시 보고를 통하여 상급자의도를 정확히 파악하는 것이 시행착오를 최소화할 수 있고, 불필요하게 병력들을 고생시키지 않고 일할 수 있는 방법이다.

대대로부터 3개월 후 금연 우수소대를 선발하여 포상하겠다는 지시를 받았을 경우 대대장 의도를 어떻게 파악해야할까?
먼저 대대장이 왜? 금연 우수 소대를 선발 하겠다고 했는지, 정확한 의도를 파악해야 한다.

대대장의도를 어떻게 받아 들이냐에 따라 추진 방법 및 성과의 차이는 클 수밖에 없다.
소대장이 담배를 피우는 인원이 없도록 하라는 것으로 대대장의 의도를 해석 하였다면, 강압적인 방법을 동원하여 담배를 피우지 못하게 할 것이다. 그러나 금연운동을 통해 병영 내 흡연을 유발하는 각종 스트레스 요인을 제거하여 화목한 병영생활을 유도하고, 개인 건강에 기여 하겠다는 의도로 해석 하였다면 금연을 추진하는 방법이 달라질 수 밖에 없다.

이렇게 상급자의도를 정확히 알아야 시행착오 없이 업무를 추진할 수 있고, 이러한 과정에서 상급자가 원하는 궁극적인 목표 및 성과를 달성할 수 있다.

현 상태를 정확히 진단하라

상급자의 의도를 파악했으면, 시행하기 전에 현 상태를 정확히 진단해야 한다.

먼저 추진진지를 구축하기 위한 현 상태를 분석하기 위해서는,

① 진지구축 및 투입로와 철수로, 배수로 등의 공사 소요는?

② 진지구축 가용병력 및 진지구축 경험이 있는 인원은?

③ 이동소요시간 등을 고려 시 진지구축 가용시간은?

④ 진지구축 총 소요 시간은?

⑤ 진지구축 간 필요한 차량 및 공사도구 확보는?

이러한 사항들을 분석하여 주어진 기간 내에 완료가 어려울 경우 추가병력 및 이동소요시간을 줄이기 위해 차량지원 등을 요구 할 수 있다.

금연우수 소대를 만들기 위한 현 상태를 분석하는 방법은,

① 현재 담배를 피우는 용사는 누구인가?

② 개인별 흡연기간은 어떻게 되는가?

③ 개인별 하루 흡연 량은?

④ 주로 담배를 피우는 시기 및 흡연 주기는?

⑤ 어떤 시간대에, 어떠한 일이 있을 때 담배를 많이 피우는가?

이렇게 하면 금연이 가능한 인원, 금연이 어려운 인원, 습관적인 흡연자, 스트레스를 받았을 때 담배를 피우는 인원, 담배를 피우도록 만드는 스트레스 원인 등을 확인할 수 있다.

임무를 부여 받으면 현 수준을 정확히 파악하여 최선의 방법을 도출해 내야 한다.

특히 용사들이 행동으로 해야 하는 것이나 수준을 숙달시키는 것들은 현재의 수준을 모르고 막연하게 추진하거나 강압적인 방법을 동원하면 실패한다.
강압적인 방법으로 추진 시 언어폭력, 구타 및 가혹행위 등 불미스러운 일이 발생할 수 있으며, 성공하였다 해도 오래가지 못한다.

제한사항을 최소화 시켜라

군에서 하는 업무는 혼자서 하는 것은 거의 없다고 보면 된다.
대부분 병력과 장비를 동원해서 하는 업무들이며, 많은 병력과 장비가 투입되면 안전사고 등 많은 제한사항이 뒤 따른다.
또한 본인 의지대로 업무를 수행하는 것 보다는 상급자의도에 맞게 업무를 추진하기 때문에 결코 쉬운 업무는 없다.

군의 24시간은 주먹구구식으로 운영 되는 것이 아니라,
일과표 및 연간 훈련주기계획, 월간훈련계획, 주간훈련예정표에 의해 부대활동이 이루어진다.
부대운영계획에 반영되지 않을 경우 병력과 장비를 동원하여 훈련하거나 업무를 추진 한다는 것은 사실 어렵다고 보아야 한다. 따라서 병력이나 장비가 동원 되어야 하는 업무는 최소 1개월 전 월간훈련계획에 반영한 후 주간훈련예정표에 반영 되어야 한다. 이마져 어렵다면 최소한 2주전에 작성하는 주간훈련예정표에는 반드시 반영하여야 한다.
이렇듯 부대 운영에 따른 제한사항도 있지만 실제 업무를 추진하면서 수시로 발생하는 제한사항이나 문제점도 많다.

추진진지를 구축하다 보면 작업도구에 의해 다치는 병력 등 크고 작은 안전사고가 발생 할 수도 있고, 암반이 나와 현 위치에 구축이 어려울 경우도 있다.
최초 계획한 일정에 진지구축을 완료하기 위해서는 톱이나 낫, 삽, 곡괭이 등을 사용하는 요령에 대해 교육하고 안전거리 확보 등의 안전에 필요한

조치를 해야 한다.
또한 암반지역이라 구축이 어렵거나, 수목으로 인하여 전방 사계 확보가 제한될 경우 대대장에게 보고를 하여 진지위치를 옮기는 등의 조치가 필요하다.

전 소대원에 대한 금연운동을 추진하다 보면 금단현상을 호소하는 인원들이 발생한다.
이러한 인원들을 위해 금연운동을 추진하면서 지역에 있는 보건소나 금연운동 단체 등과 사전 협조하여 금연상담을 실시하고, 금연을 위한 약을 복용하는 등의 추가적인 조치가 필요하다.
금연을 하 기 어려운 인원에게 불이익을 주는 등 강압적인 방법을 택하면 스트레스를 받아 담배를 더 피우게 되고, 창고 등 사각지역에서 몰래 담배를 피우다 화재발생 등 많은 문제가 발생 할 수 있음을 알아야 한다.

소대원들 중 흡연자들이 금연에 성공하기 위해서는 용사들이 스트레스를 최대한 받지 않도록 하고, 운동이나 취미생활 확대 등 활동적으로 생활 할 수 있는 여건을 만들어 주는 등 동적인 부대활동이 필요하다.
간부도 화를 내는 것을 자제 하는 등 금연에 방해되는 행동들을 최소화 시켜야한다.

자발적인 동참 여건을 조성하라

군에서 가장 큰 성과를 낼 수 있는 최선의 방법은 전 병력이 자발적으로 동참하는 것이다.

추진진지 구축 간 전 병력이 자발적으로 열심히 하게 하려면 조를 편성하고 조별 목표를 명확히 부여하여 실시하는 등 다양한 방법을 구상하여 시행 하여야 한다.
다음은 진지 1개를 구축하는데 소요되는 시간을 고려하여 목표를 부여하고 빨리 끝나는 조는 휴식을 부여 하는 등 창의적인 방법을 적용하였던 사례이다.
『군 생활시 중요시설 경계진지 및 교통호를 구축하면서 최초 1개월을 목표로 하였다가 15일 만에 완료하여, 연대장이 직접 현장에 와서 확인 후 대단히 만족스럽게 생각하면서 철수를 명한 적이 있다.
이렇게 빨리 할 수 있었던 것은 각개병사의 수준을 고려하여 조별 동등하게 인원을 편성 후 1일 단위 목표를 부여 하고, 주어진 목표를 완료하면 그 이후시간은 생활관에 복귀하여 잠을 자거나, 운동을 하도록 개인 자유시간을 부여한 것이 동기 유발이 된 것이다. 완료를 못한 조는 늦은 시간까지라도 반드시 완료토록 하였다.
그 결과 1주일이 지나니까 숙달이 되어 15:00이전에 전 병력이 목표량을 완료하고 휴식을 하게 되었다.
결과는 30일 공사를 15일 만에 완벽하게 완료 할 수 있었다.』
만일 그때 18:00까지 공사를 했다면 한 달이 넘어도 못했을 것이다.

자발적인 동참은 동기 부여가 중요하다.
그러나 주어진 시간에 도저히 할 수 없는 많은 일을 부여하면, 아무리 좋은 동기부여를 해도 자발적으로 참여를 하지 않는다.

금연운동을 추진하면서 전 병력이 자발적으로 동참할 수 있는 여건을 조성하는 것이 중요하다.
요일별로 욕설 안하는 날, 인접전우 칭찬하는 날, 화내지 않는 날, 상급자가 먼저 경례하는 날 등을 정해 놓고 추진하는 방법도 있다.
이 밖에도 부대여건을 고려 애인사진 콘테스트 등 다양한 활동을 통해 부대를 화합시키고 단결시키는 절호의 기회라고 생각하고 추진한다면, 이러한 과정 속에서 자연스럽게 금연하는 인원이 늘어나고, 결국 전원이 금연하는 소대가 될 것이다.
담배를 피우는 인원만 상대로 금연운동을 추진하는 것은 실패 확률이 높다.
비흡연자도 함께 동참하여 흡연자들이 금연할 수 있도록 도우미 역할을 할 수 있어야 한다.

중간점검을 통해 미흡 분야를 보완하라

어떠한 임무를 수행하더라도 중간점검은 반드시 필요하다.
진지구축을 예로 들면 먼저 간부는 줄자를 이용하여 진지규격을 결정하고, 진지방향이 정확한지 확인해야 한다.
진지구축 시 배수로를 잘못 만들면 우천 시 진지에 물이 고여 투입이 어려우므로 진지에 물이 고이지 않도록 해야 한다.
수류탄처치공은 수류탄이 호 밖으로 굴러 나가도록 하면서, 배수로 역할까지 하도록 구축하는 것이 좋다.
그러나 지형여건상 어려울 경우 최초부터 앞면을 절개하여 토관을 묻거나 잔디를 쌓아올려서 구축해야 한다.
또한 물이 진지 안으로 흘러 들어오는 곳을 확인, 진지주변에도 배수로를 만들고, 투입로나 교통호를 통해 빗물이 유입되지 않도록 해야 한다.
호 깊이는 규격대로 구축하되, 신장이 적은 인원을 고려하여 발판 등을 추가로 설치하는 것도 하나의 방법이다..

진지를 구축하라고 지시 한 후 작업 중간에 현장점검을 하지 않고 진지구축 후에 진지방향이 잘못 되었거나, 수류탄 처치공이 잘못되었다고 다시 진지를 구축하라고 한다면 시간낭비 뿐만 아니라, 병력들이 스트레스 받는 것은 당연하다.
정말 잘못된 방법이다.
중간점검을 한번이라도 했다면 두 번 일하지는 않고 한 번에 완료할 수 있었는데 간부들이 착안하지 못했거나, 게을러서 용사들만 고생시키는 결과를 가져온다는 것이다.

소대장 시절 진지구축을 완료했는데, 중대장과 다대장이 잘못 구축했다고 다시 하라고 했을 때 화도 나지만, 용사들에게 미안해서 할 말이 없던 기억이 있다.
물론 중간보고를 하지 않은 나의 잘못도 있지만 한 번도 현장에 나와 보지 않은 상급자의 잘못 또한 크다는 것이다.

금연운동도 마찬가지이다.
주 단위 중간점검을 통해 포상 및 독려 활동을 강화하면서 흡연자 상담 등을 통해 미흡분야를 보완해 나가야 한다.

상급자의 중간점검은 반드시 성공하겠다는 의지를 보여주는 것이고, 관심을 갖고 있다는 것을 주지시켜주는 가장 효율적인 업무수행 방법 중의 하나이다.

성과를 극대화 시켜라

간부는 주어진 일을 완성시키고 나면 그 성과를 극대화 시키는 방법도 알아야 한다.

열심히 일했으면 내가 열심히 한 것을 알아 달라고 이야기할 줄도 알아야 한다는 것이다. 이러한 방법으로 이렇게 했더니, 이러한 성과가 있었습니다. 라고 말 할 줄 알아야 한다. 예를 들면 진지 공사 실시전과 완료 후 사진을 촬영하여 관련 참모 및 지휘관에게 메일로 보고 하거나, 진지공사간 미담 사례를 소개하는 등 성과를 극대화시킬 수 있어야 한다.

금연 우수소대가 되었을 경우 이메일 등을 이용 그 동안의 성과를 상급자에게 보내는 방법도 있다.

"우리 소대가 금연운동을 통해 형제와 같은 전우애를 갖는 계기가 되었으며, 소대원 모두가 서로를 아끼는 마음이 커졌습니다.

흡연자 전원이 금연을 한 성과도 크지만 이러한 금연운동을 통해 소대가 화합되고 단결될 수 있었습니다"

이런 정도의 감사의 인사를 하면서 소대를 알리고 성과를 극대화 시켜야한다.

내 부하들이 고생 했으면 고생한 보람이 있도록 잘했다고 모두에게 자랑해야 한다.

우리는 통상 문제점이나 잘 안 되는 것만 보고하려 한다. 잘못된 생각이다. 잘한 것을 보고 할 줄도 알아야 한다.

큰 성과만 보고 하지 말고 미흡하지만 작은 성과도 어떻게 포장 하느냐에 따라 큰 성과를 거둘 수 있다.

상급자들이 원하는 것이 바로 이런 것이다.

임무수행을 잘하기 위한 TIP

임무수행을 잘하려면 상급자의도를 정확히 파악하고, 현 상태 를 진단하여 제한사항을 최소화 시켜야 한다.
그리고 전 장병이 자발적으로 동참할 수 있는 여건을 조성하고, 실시간 미흡분야를 보완 하면서 완료해야 한다.

이러한 일련의 임무수행절차를 적용하는 것도 중요하지만, 임무를 부여받은 간부가 어떤 생각을 갖고 추진하느냐가 더 중요하다.
상급자 지시라서 어쩔 수 없이 한다는 생각을 갖고 추진 한다면 성과도 없지만, 추진과정에서 불평하고 불만을 토로하는 등 힘들게 추진하게 될 것이다.
따라서 임무수행을 잘하기 위해서는 상급자의 지시사항을 나의 것으로 만들어 추진해야 한다.
내가 필요해서 하는 일이 되어야 책임감과 의지를 갖고 수행할 수 있다.
주인정신을 가져라하는 것이 바로 이런 것이다.

GOP나 해안 소초를 방문해서 알림판을 보면 상급부대 지시 사항에 사단장, 연대장, 대대장, 중대장 지시사항 까지 게시되어 있는 것을 볼 수 있다.
언제부터라고 말할 수는 없지만 사단장, 연대장, 대대장 지시이기 때문에 준수해야 된다는 인식을 용사들에게 심어주고 있다.
용사들에게 전투현장에서 직접 지휘하는 소대장 지시 보다는 중대장, 대대장의 지시가 우선이라고 생각하게 만든 것이다.
대대단위나 중대단위 통합막사인 경우는 더욱 심하다. 소대장이 설 자리가 없어진다.
상급부대 지휘관들도 순찰을 나와서"내가 어제 지시 했는데 용사들이 모르고 있다"라고 소대장을 질책 한다.
소대장은 자신의 의지가 아닌 상급자의 의지를 전달하는 전달자 역할만 하고 있는 것이다.

지휘관 시절 중대장이 사격통제를 잘못하여, 사격통제도 안 해 보았느냐고 말하니까 한 번도 해 본적이 없다고 한다.
중대장이 전체통제를 하고 소대장은 좌·우측 사선에서 깃발을 들고 "좌선 사격 끝, 우선 사격 끝"보고만 했다는 것이다.
간부는 작전적인 사고를 갖고 행동해야 된다고 교육하면서, 소대장을 꼭두각시로 만드는 현실에 서글픈 생각이 앞섰다.

교육기관에서는 소대장은 병사들에게 자신의 혼을 불어 넣는 교육을 해야 자신의 의지대로 지휘통솔 할 수 있다고 가르치고 있다.
그러나 야전부대에 와보니 소대장이 의지를 갖고 할 수 있는 것이 아무것도 없다.
상급자가 지시한대로 움직여도 버거울 정도다.
이제는 바뀌어야 한다. 전투현장에서 용사들에게 명령을 하달하는 사람이 누구인가를 생각해야 한다.
용사들이 소대장의 지시가 가장 우선이라고 생각하도록 상급부대 지휘관들이 노력해야 한다.
사단장, 연대장, 대대장, 중대장 지시가 곧 소대장의 지시가 되도록 해야 한다.
알림판에도 "상급부대 지시사항"이 아닌 "소대장 지시사항"으로 바뀌어야 한다.

현재 군은 인트라넷 망이 소초까지 연결되어 있어, 상급부대 지시사항이 하달되면 힘들이지 않고 소대장 지시사항으로 바꿀 수 있다.

"대대장 지시사항"이 하달되면, 제목을 "소대장지시사항"으르 바꾸고 맨 앞 줄에 "대대장께서도 강조하셨지만"을 추가하고, 마지막에 "소대장 생각도 같으며, 우리 소대는 이렇게 추진한다."라고 소대장의 의지나 생각을 적어 넣으면 소대장 지시사항이 된다.

이렇게 해야 소대장이 상급자의도를 정확히 파악하그, 의지를 갖고 열정적으로 근무할 수 있다.

또한 소대원들도 소대장의 지시를 최우선적으로 따르게 될 것이다.

예하부대 지휘 여건을 보장하는 것, 소대장이 자신의 의지를 갖고 임무수행을 잘하게 만드는 것이 바로 이러한 것이다.

PART 4

적과 싸워 이길 수 있는 부대를 만들어라

전 장병이 함께할 때
가장 강한 전투력을 발휘 할 수 있다.

전역 후에 나타나는 군인의 직업병은?

1. 인사를 할 때 거수경례를 한다.
2. 전화벨소리가 3번 울리기 전에 받고, 네! 알겠습니다. "충성"하고 인사한다.
3. 잠자다가 전화벨소리가 울리면 스프링처럼 반사적으로 벌떡 일어난다.
4. 아침에 늦잠 자는 아들에게 "기상" 하면 바로 일어난다.
5. 식당에 가면 잔반처리 할 곳을 찾는다.
6. 학교가면서 부대에 간다고 하거나, 운동장을 연병장이라고 말한다.

적과 싸워 이길 준비가 되어 있는지 확인하라

지휘관으로 부임하면 통상 약 1개월 동안 부대를 진단하여, 2차 상급지휘관에게 복무계획을 보고하게 된다.
복무계획은 우리부대가 적과 싸워 이길 준비가 되어 있는지를 확인 후, 자신의 복무 의지를 계획하는 것이다.
복무계획 수립 시 통상 최근에 보고했던 인접부대 지휘관의 복무 계획을 참고하여 작성하려고 하는데 정말 잘못된 생각이다.
본인이 지휘해야할 부대를 정확히 진단하지도 않고 어떻게 지휘관의 혼을 불어넣는 지휘를 할 수 있겠는가?
지휘관 부임 후 부대진단은 통상 전투준비, 교육훈련, 부대관리 3가지 분야로 구분하여 진단한다.

부대 전투준비태세를 확인하기 위해서는 해부대의 전투편성과 임무, 작전계획을 우선 확인 하여야 한다.
우선 편제표를 확인하여 전·평시 병력 및 장비가 어떻게 편성 되어 있는지 확인 하여야 한다.
전투편성은 편제표나 전투세부시행규칙, 임무수행철을 보면 확인이 가능하다.

지휘관으로 보직되면 전투편성의 취약점부터 도출해야 한다.
전투편성의 취약점을 도출하기 위해 확인할 사항은,

① 평시편제 인원 대비 과부족 병력

② 분대장, 공용화기 사수 등 주요직책자 3개월 이내 손실판단

③ 공용화기 사수, 특수장비 운용병 보직 및 임명여부

④ 전투장비 과부족 및 입고 현황
⑤ 개인화기, 공용화기 부수기재 및 손질도구 확보상태
   * 유통에 손질기름 충만 여부와 손질포 상태 등 확인
⑥ 분대별 계급구조 불균형 여부
⑦ 동원병력 해 특기자 보직여부

이러한 사항들을 확인하여 업무보고에 반영하거나, 상급 지휘관에게 조치 결과 및 건의사항으로 보고하여야 한다.

다음은 부대 임무수행 가능 여부를 진단해야 한다.
지금 당장 적과 싸워 이길 수 있는 전투력수준을 갖고 있는지, 취약점은 없는지 등을 확인 하여야 한다.
전투력 수준을 확인하기 위해서는 임무와 작전계획을 기초로 관련과제를 도출하여 주간훈련예정표에 반영하여 수준을 측정하면 된다.
통상 부대별 훈련과제가 선정되어 있고, 계획된 교육훈련이 진행되고 있기 때문에 확인해야할 과제 중 누락된 과제를 주간교육훈련예정표에 추가 반영하여 수준을 측정하면 된다.

전투력 수준을 확인하기 위한 핵심과제는 부대별 임무에 따라 약간의 차이는 있으나 출동준비태세, 전술훈련, 사격, 체력 등이다.
출동준비태세는 임무숙지, 군장결속, 물자분류, 부대증편 등을 확인하여 취약분야를 도출한다.

임무숙지 상태를 확인하기 위해서는 개인임무카드에 실제 개인임무가 반영 되어 있는지를 확인 후 절차대로 행동하는지 여부와, 신호규정 등 임무 브리핑 상태를 확인 하여야 한다.

군장결속 및 물자분류는 완료시간도 중요하지만 군장내용물, 개인 후송물자를 보관하는 의류대 내용물이 규정된 품목으로 통일되어 있는지, 생활관에 방치 되어 있는 전투물자는 없는지를 중점적으로 확인하여야 한다.

전술훈련은 개인 전투준비와 전술훈련준비 상태, 크레모아, 지뢰, 철조망 등 화력 및 장애물 설치 및 운용 능력을 동시에 확인하여야 한다.

개인 전투준비는 개인화기 수입기재, 공유화기 부수기재, 중대 PL낭 등 임무에 맞는 화기 및 장비 준비상태를 확인 한다.

사격은 주·야간 사격을 실시하여 수준을 측정하고 불합격자에 대한 고벽 등을 확인하여야 한다.
체력은 체력검정 종목인 3km달리기, 윗몸 일으키기, 팔굽혀펴기를 측정하되, 환자나 체력 저조자를 확인 하여 대책을 마련해야 한다.

교육훈련 분야 진단은 임무에 맞는 훈련과제 편성여부, 과제별 활성 및 비활성 교보재 확보실태, 실습계획표 작성 등을 확인한다.
훈련장은 현장을 방문하여 훈련장 여건 및 안전 위해요인을 중점 확인해야 한다.
특히 사격장의 경우 유탄 및 도비탄 발생 가능성, 민간인 출입로에 대한 통제 및 안전대책, 유·무선 통신대책 등을 직접 확인하여 안전 취약요인을 도출해야 한다.

부대관리 분야는 전투원들의 신상부터 정확히 진단해야 한다.
사람마다 성격 및 관심분야가 다르기 때문에 전임자로부터 인수인계 받은 병력관련 사항은 참고만 하고, 전 병력에 대하여 개인별 문제요인을 분석 후 관심을 가져야 할 간부 및 병사들을 찾아내어 어떻게 관리 할 것인가에 대해 고민해야 한다.
또한 부대원의 사기와 행복지수 등을 파악하고, 현재 시행하고 있는 부대 관리 활동 등도 검토해야 한다.

여기서 유의할 사항은 전임자가 시행하던 것을 무조건 바꾸려고 해서는 안 된다.
통상 지휘관 취임 후 모든 것을 자신의 입맛에 맞게 바꾸려고 하는데 위험한 생각이다.
"지휘관 취임 후 3개월을 조심하라"는 말이 나오는 것은, 모든 것을 바꾸어 부대를 혼란스럽게 만드는 지휘관들이 있기 때문이다.
따라서 현재 시행하고 있는 것들에 대해 문제점이나 제한사항을 파악하여 보완 시키는 것이 안정적으로 부대를 관리 할 수 있는 하나의 방법이다.
마지막으로 부대원에게 설문을 받아 부대의 문제점이나 개선할 사항을 도출해야 한다.

이렇게 부대진단을 통하여 적과 싸워 이길 수 있는 부대인지를 확인 후 복무계획을 작성해야 한다.
지휘관이 복무계획을 작성 하면 부대원들과 실현 가능성에 중점을 두고 토의를 한 후 보완하여 상급지휘관에게 보고하여야 한다.
부대원들과 토의를 하라는 것은 복무계획 내용 대부분이 자신의 의지에 의해 작성되었기 때문에 검증이 필요 한 것이다. 자칫 잘못하면 부대를 지휘하면서 신뢰를 잃을 수 있으므로, 부대원들의 의견을 반영하여야 원활하게 부대활동을 추진 할 수 있고, 시행착오도 최소화 할 수 있다.

출동준비태세 이렇게 하라

출동준비태세는 개인 및 부대전투준비로 구분 할 수 있다.
여기서는 출동준비태세 절차보다는 가장 기초적인 즌비사항과 실시간 미흡 분야 위주로 설명 하겠다.

비상이 발령되면 보고를 잘하여야 한다.
지휘관은 상황접수 또는 부대복귀와 동시 1차 상급지휘관에게 최초보고를 하고, 출동준비 간에도 증가초소점령 완료, 물자분류 완료, 소산진지 점령 완료 등 실시간 수시보고와 출동준비 완료 보고를 하여야 한다.
보고를 하지 않는 지휘관은 아무리 절차를 잘해도 잘한다는 소리를 들을 수 없다.

임무카드를 확인 후 보완해야 한다.
임무카드는 통상 출동 준비명령 수령 시부터 소산진지 점령, 부대증편, 거점투입 후 작전준비 까지 개인이 수행해야 할 행동절차를 시나리오식으로 작성하여 활용한다.
출동준비태세 훈련 시에도 각자가 임무카드에 적힌 그대로 행동하는 절차를 숙달 시키고 미흡분야를 보완해야 한다.

동 · 하계 군장 내용물 및 개인 후송물자인 의류대 내용물을 통일 시켜야 한다.
평상시 관물대에 전투복 등 개인물자 보관 위치 및 순서를 통일 시키는 이유는 야간에 불빛이 없는 상황에서도 군장결속 및 물자분류가 가능하게 하기 위해서이다.

그런데 준비태세 훈련을 하다보면 군장에 결속하는 품목이 틀리고, 후송물자인 개인 의류대(일명 더블백)에 보관해야 할 품목이 상이한 부대가 많다. 검열 시 군장내용물이나 의류대 내용물을 보면 그 부대의 출동 준비태세 수준을 알 수 있다.

생활관의 후송 및 파기물품을 통일 시키고, 물자 분류 후 생활관에 전투 장비를 방치하지마라.

출동준비를 완료 후 생활관에 들어가 보면 후송물자와 파기물자 구분이 어렵고 목록도 없는 부대가 많다.

후송물자는 생활관 한곳에 정리하고, 파기물자는 현 위치에 그대로 두되, 후송 및 파기물자 목록표를 비치해야 한다.

이렇게 해야 후속부대가 목록표를 보고 최종적으로 조치 할 수 있다.

또한 휴가자 군장 등 전투물자는 휴가 출발 전에 중대에서 회수하여 창고에 보관하였다가 출동 시 적재물자로 분류하여야 한다.

그러나 휴가자 전투장비 등이 생활관에 방치되는 경우가 있기때문에 생활관 물자분류 후 최종 퇴실 자가 전투장비 방치여부를 반드시 확인해야 한다.

전투장비 및 물자를 생활관에 방치하는 것은 전투일일결산을 실시하지 않기 때문이다.

일일 전투결산을 하는 또 하나의 이유는 비상발령 시 휴가자 등 출타자의 공백을 보강하기 위해서 이다.

즉, 공용화기 사수나 통신병 등 중요 임무수행자가 휴가 시 반드시 대리자를 임명하여 임무를 부여해야 전투공백이 생기지 않는다.

소산진지 활동 시 개인 전투준비, 부대증편 준비 및 부대 출동준비를 하라.

소산진지에 도착하면 사주방어 개념에 의거 병력을 소산 한다. 이때 유의

할 사항은 병력을 상호 중첩되게 배치해서는 안 된다. 즉, 공용화기 나 개인화기가 아군을 지향하지 않도록 소산 시켜야 한다.

개인 전투준비는 안면 및 철모위장을 하면서, 개인화기 가늠자를 주·야 상황에 맞게 조정하고, 공용화기는 전투가늠자를 설치하여야 한다.
또한 개인화기 손질도구인 유통, 꼬질대, 수입포 등의 휴대여부를 확인하고, 중대 개인화기 PL낭 , 공용화기 사격기재 및 브수기재를 확인하고 조치하여야 한다.
후레시 건전지 교체 및 필터색상을 신호규정에 맞게 조정하고 구두솔 및 구두약, 소대단위 이발기구 휴대여부 등도 확인 하여야 한다.
화생방 상황을 고려하여 사전 계획된 곳에 탐지지를 부착하고, 방독면 두건결합, 머리끈 조정, 음료취수기구를 수통에 결합하고 방독면 정화통은 상황을 고려하여 일제히 교체 하여야 한다.
부대증편준비는 증편지에 따라 행동절차가 다르므로 증편계획에 맞게 행동하면 된다.

준비태세 간 조명대기포는 주둔지 방호계획에 의거 계획된 박격포만 설치하여 운용하고, 나머지 박격포는 소산진지로 이동 시켜 출동준비를 위한 사격기재 등을 확인해야 한다.
일부 부대는 소산진지에 모든 박격포를 임시거치 하라고 하는 경우도 있는데 박격포운용을 고려 시 검토 되어야 한다.
소산진지는 부대가 출동준비 간 적 포격 및 공중공격, 기습사격으로부터 보호받기 위해 잠시 머무르는 곳이다.
출동준비가 완료되면 즉시 작전지역으로 이동해야 하 기 대문에 출동준비가 우선 되어야 한다.

출동준비태세 훈련 시 부대원의 행동절차를 숙달 시키면서 잘 안 되는 분야 등은 문제의식을 갖고 보완하여야 한다.
예를 들어 후방지역 부대에서 출동준비태세 시 81밀리 박격포 2문을 조명대기포로 운용하게 되면 화기중대는 생활관 물자분류에 어려움이 따른다.
이럴 경우 2문을 1문으로 조정하거나, 도심지역에서 박격포 조명대기포 운용의 적절성과 효율성을 검토해서 발전시키는 것이 간부들이 해야 할 일이다.

출동준비태세가 숙달된 부대는 병력들의 전투화 발자국소리 이외는 전혀 들리지 않는다.
통합막사 계단이나 복도를 보행 시에도 좌우측 보행이 습관이 되어 부딪히는 인원도 없다.
훈련이 안 된 부대는 간부들의 고함소리가 가장 먼저 들리고
이름 부르는 소리, 욕하는 소리 등 오합지졸이 된다.

초동조치부대 임무 이렇게 수행하라

초동조치부대는 상황발생 시 가장먼저 현장에 도착하여 현장코존, 주변 수색 등 적 발견 및 고착을 통해 후속증원부대의 작전에 기여하게 된다.
초동조치부대는 5분 전투대기부대, 기동타격대 등 부대 임무 및 특성에 따라 다양하게 편성되어 운용하고 있다.
여기서는 5분 전투대기부대의 출동준비, 작전지역 이동, 원점 지역도착 시 행동요령에 대하여 설명 하겠다.

5분 전투대기부대는 5분 이내에 위병소를 통과해야 한다.
취침 중에 상황발생시 신속하게 출동하기 위하여 전투복에 전투화를 착용하고 취침 하는데, 요즈음은 전투화는 벗고 전투복만 착용한 상태에서 취침을 하는 부대도 많다.
전투화를 벗고 취침 시 전투화 끈을 묶는 시기는 차량에 탑승한 후이다.

5분 전투대기부대에 편성된 운전병과 의무병은 5분 대기부대 생활관에서 24시간 함께 생활할 수 있도록 조치하여 5분 이내 신속한 출동이 보장 되도록 하여야 한다.

신속한 출동을 위해서는 기상과 동시 총기함을 개방하여야 한다.
생활관에 총기함이 있을 경우 열쇠를 휴대한 소대장 및 분대장에 의해 개방하고, 지휘통제실에 있을 경우 당직사령 및 당직부관이 상황접수와 동시에 총기함 및 간이 탄약고를 개방 하여야 한다.
병력들은 탄약 및 물자를 각자 임무에 따라 수령 하여 차량에 적재하고 탑승 대기한다.

소대장은 지휘통제실에서 당직사관으로부터 상황을 접수받아 상황판 지도에 원점지역과 이동로를 표시하고, 이때 통신병은 지휘통제실에서 무전기를 개통하여야 한다.

명령을 수령 받은 소대장은 차량에 도착하여 선탑을 하는 분대장에게 현 상황 및 이동로, 원점지역, 병력하차지점에 대해 간략하게 설명한 후 차량 적재함 운전석 뒤에 앉아 이동 간 선탑한 분대장을 통제하면서 병력을 지휘한다.

병력들은 차량에 탑승하면 개인별 경계구역을 경계하면서 이동한다. 이동 간 위장을 하면서, 탄약 및 수류탄, 비상식량 등을 지급받아 결속하고, 피아식별띠를 착용하면서, 소대장 명령이 하달되면 임무를 숙지한다.

원점지역 근처에 도착하면 원점지역으로부터 은폐·엄폐된 곳에 차량을 정차시켜 병력을 하차 시킨 후, 현 지형을 보면서 분대장들에게 단편명령을 실시한다.
안내조의 안내를 받아 원점지역에 도착하면 신고자, 안내조, 병력들의 안전을 위해 경계병을 배치시킨 후, 적 발자국 등
흔적 보존을 위해 덧신을 착용하고 주변수색을 한다.
수색 간 유기물을 발견 시에는 휴대한 경시테이프를 이용하여 접근금지 표시를 한 후 경계병을 배치한다.

5분 전투대기부대 임무수행 시 유의할 사항은
소대장은 상황판에 사용할 3색 수성 팬(흑·청·적색)을 휴대하여야 하며, 상황판에는 대대와 통일된 확인점을 투명도에 표시하여 부착 하여야 한다.

부대에서 출동준비 간 차량주변에서 경계를 하는 것은 잘못된 것이다. 탄약 및 물자를 적재하면 곧바로 차량에 탑승하여 경계를 하여야 한다. 또한 이동 간 경계 시 총구가 과도하게 적재함 밖으로 나가 있으면 이동 간 안전사고 발생 위험이 있다.

5분 전투대기부대는 차량에 탑승 간, 차량에서 하차 시 개인별 경계구역을 차량 전면을 기준 시계방향 개념에 의거 사전에 지정하여 훈련 시켜야 한다.

경계는 적을 관측하기 용이하고, 적 발견 시 사격이 가능하면서 자신을 보호할 수 있는 지형에서 해야 하는데, 전방도 보이지 않는 언덕에서 자신의 몸만 숨기고 경계를 하여서는 안 된다.

또한 초동조치부대는 EENT, BMNT를 고려하여 주·야간 작전전환 시간을 정해놓고 주·야간 가늠자 설치, 공용화기 전투가늠자 설치, 후레시 휠터 확인, 암구호 수령, CEOI확인 등 작전준비를 해야 한다.
특히 비상식량은 유효기간을 반드시 확인하여 사전에 교체하여야 한다.

전장군기는 평소부터 습성화 시켜라

전장군기는 전투 시 자신뿐만 아니라 전우의 생명을 보장하는 가장 중요한 요소이기 때문에 평상시 교육훈련 간 습성화 시켜야 한다.

필자는 군 생활 하면서 전술훈련 간 안면위장, 개인화기 휴대, 방탄모착용 세 가지를 반드시 준수할 것을 강조 하였다.
영내 교육훈련이라도 단독군장을 하면 반드시 안면 위장을 하도록 했다.
최근에는 안면위장 대신 얼룩무늬 안면 마스크를 착용 하도록 하는 부대도 있다.
개인화기는 휴식시간이라도 땅바닥에 내려놓아서는 안 된다.
또한 방탄모 턱끈을 착용하고, 방탄모는 절대 벗지 않도록 통제 하여야 한다.
100km 행군시도 동일하게 적용하여 휴식 간, 식사 시에도 개인화기를 휴대하고 방탄모를 벗지 못하도록 통제 하되, 날씨가 무더울 경우 휴식 간 지휘관(자)의 통제 하에 전체 인원이 방탄모를 벗도록 융통성 있게 조절할 필요는 있다.

이렇게 기본적인 전장군기가 평소부터 습관화 되어 있어야 전투 간 전장군기를 위반하는 행위를 하지 않게 된다는 것이다.
이러한 전장군기는 가장 기초적인 전술행동으로 평상시 교육훈련 시부터 습성화 시켜야 전투 시 부하들의 생명을 지킬 수 있다.

이외에도 평상시 교육훈련 시부터 습성화시켜야할 사항은,
주·야간 전투 시 적의 표적이 될 수 있는 각종 표식에 대한 통제이다.

첫째, 요대와 결합하는 X반도 끈 처리를 위해 색깔 있는 테이프로 감는 행위를 통제 하여야 한다.
X반도 끈 처리를 위해 테이핑을 한 부대의 전장군기는 거의 없다고 보아야 한다.

둘째, 총기 및 방독면, 군장 명찰은 흰색이 아닌 국방색에 검은 글씨로 새겨진 명찰을 부착해야 한다.
일부 부대는 중대나 소대 식별을 위해 색을 통제하여 부착하는데 부하를 죽게 만드는 조치이다.

셋째, 연대나 대대, 직할대를 구분하기 위해 전투복에 부착한 식별표시를 제거해야 한다.
전투복 개선 후 부대 식별표시를 대부분 하지 않고 있으나,
일부 부대는 전투복에 이러한 식별표시를 부착하여 평상시 어느 부대 소속인지 쉽게 식별 되도록 통제하기 위한 수단으로 부착
하고 있는데 정말 잘못된 생각이다.

넷째, 요대에 X반도 부착, 탄입대 2개 부착, 수통 및 구급대 부착 등 평소부터 규정된 품목을 부착할 수 있도록 해야 한다.
특히 간부들이 당직근무나 평소 교육훈련 시 불편하다고 제거
하고 다니는데 잘못된 것이다.

다섯째, 당직근무 시 전투모를 착용 하더라도, 총기와 철모는 당직실에 위치 시켜야 한다.
연평도 포격 도발이후 부대별 불시 대피훈련을 하면서 현 복장에 철모만 착

용 후 신속히 대피 하는데, 당직근무자는 철모가 아닌 전투모를 착용하고 있어서 그 이후부터는 철모를 당직실에 위치 시키도록 조치한 바 있다.

이렇게 전장군기를 강조하는 것은 생명과 직결된 문제로, 평소부터 익숙해지지 않으면 전투 시에도 무의식중에 전장군기를 위반하는 행동을 한다는 것이다.

당직근무자의 초동조치가 중요하다

당직근무자는 지휘관 대리근무자이다.
야간이나 휴일에 지휘관을 대신하여 근무하는 지휘관의 분신인 것이다.

당직근무자는 상황발생시 지휘관이 부대에 복귀하기 전까지 모든 사항을 단독으로 조치하여야 한다.
야간이나 휴일에 적의 대규모 공격, 침투, 테러상황이 발생 하였을 경우 최초 30여 분간은 당직근무자가 지휘관을 대신하여 상황을 조치해야 한다.
상황발생 후 30여분의 시간은 짧은 시간이 아니다.
적이 침투 하였을 경우 이미 사살하여 상황이 종료 되었거나, 도주하였다면 작전지역을 벗어날 수 있는 시간이다.

상황이 발생하면 당직근무자가 부대원의 출동준비와 초동조치부대를 작전지역에 투입시켜 통제를 하여야 한다.
부대별 각종 상황발생에 대비하여 매뉴얼을 만들어 숙달하고 있기 때문에 문제 될 것은 없지만, 당직근무자의 초동조치가 미흡할 경우 초기작전에 실패하여 상상하기도 힘든 많은 문제점을 야기하게 된다.

당직근무자가 근무에 투입하면 상황별 상황조치 매뉴얼에 따라 당직사관은 당직부관, 상황병의 임무 및 역할을 교육하고, 리허설을 해보아야 상황발생시 당황하지 않고 조치할 수 있다.
작전상황 뿐만 아니라 응급환자 발생, 주민신고접수 등 다양한 상황에 대비 하는 것이 당직근무자의 가장 중요한 임무이다.

당직근무는 제대별 부대특성 및 지휘관의 성향에 따라 근무 방법이나 근무중점에 약간의 차이는 있으나 대부분 동일하다고 보면 된다.

오늘 야간에 당직근무라면 평소보다 30여분 빨리 출근하여 복무계획을 수립해야 한다.
전임자가 지휘관에게 당직근무결과 보고 시 함께 들어가 당직 근무 교대신고를 하고 복무계획을 보고 한다.
복무계획은 부대별 양식에 맞게 지휘관 지시사항, 복무중점, 순찰 등 일과 후 부대활동계획을 작성하면 된다.
복무계획 수립 시 중요한 것은 복무중점이나 저녁점호 착안사항에 다음날 특별한 교육훈련이나 부대활동이 계획되어 있어 추가적으로 조치해야 할 것이 있다면 포함 시켜서 보고해야 한다.

당직근무자는 일과종료 20~30분전에 지휘통제실에 도착하여, 야외훈련부대 복귀여부와 야간훈련, 휴가자 등 출타병력 복귀예정 인원을 확인하여 지휘관 퇴근 시 현관문에서 간략하게 보고 하여야 한다.
이때 지휘관이 차량에 탑승하면 문을 닫아 드리고, 차량이 출발하면 “충성! 계속 근무 하겠습니다.”라고 경례를 한다.

당직근무 시에는 가장 먼저 각종 상황발생에 대비하여 조치사항을 확인하고 근무자들의 역할을 교육해야 한다.
당직근무 간 근무자 총기 및 탄약수불은 당직부관이나 상황병에게 위임해서는 안 되며, 당직사관이 직접 해야 한다.
따라서 급양감독, 점호, 순찰 등은 근무자 교대시간을 고려해서 해야 한다.
특히 총기 및 탄약수불간에 지휘관이 부대에 들어오거나 상급부대에서 순찰을 나와도 수행해서는 안 되며, 총기 및 탄약 수불을 마친 후 수행하여야 한다.

급양감독 시에는 밥만 먹고 오지 말고 취사장 청결여부 등을 같이 확인하고 병사들 식사 상태도 확인해야 한다.
또한 조식을 위해서 새벽에 나가는 취사병들을 방치하지 말고 현장에 가서 조식 준비상태 등을 확인 하여야 한다.

점호는 21:50분 까지는 반드시 종료하여야 한다.
당직사관 중에는 점호착안사항을 전부 확인하거나, 점호준비상태가 미흡하다고 취침시간을 지나서 까지 점호를 하는 경우가 있는데, 당직사관 스스로 규정을 위반하고 있는 것이다.
본인은 규정을 위반하면서 병사들에게 규정준수를 강조하는 자체가 있어서는 안 될 행동이다.
당직사관이 규정을 위반하는 사례는 이 외에도 많이 있다.
자유 시간에 작업을 시키거나, 총기 및 탄약 열쇠관리 소홀, 순찰 미실시, 취침, 게임이나 소설책을 보는 등 근무를 태만히 하는 것은 스스로 규정을 위반하고 있는 것이다.

당직사관은 중대나 대대에서 관심을 갖고 있는 병사들의 명단 및 사유를 알고 근무해야 한다.
자살우려자의 경우 24시간 보호해야 하는데 당직사관이 모르고 있어서는 안 된다.
허리가 아파 치료를 받고 있는 인원에게 얼차려를 부여해서 허리통증을 더 악화 시키는 것은 얼차려가 아닌 가혹행위를 했다는 것을 알아야 한다.

당직사관은 상급부대 순찰에 대비하여 항상 보고준비가 되어 있어야 한다. 상급부대 순찰자가 도착하면 현재 부대활동 사항, 병력현황 및 유동병력 현황, 초소운용, 초동조치부대 운용, 차량현황 등에 대해 간략하게 보고 드린 후, 수행하면서 총기 및 탄약현황 등 현장 상황에 맞는 보고를 하면 된다.

휴일 당직근무자는 통상 지휘관에게 전화로 당직근무 결과를 보고하면서 교대신고를 한다.
휴일에는 외출외박, 휴가복귀자 등 유동병력과 종파별 종교행사, 기타 부대활동사항을 보고 하면 된다.

지휘관이 출근하면 당직사관은 현관 앞에서 "충성! 근무 중 이상 무"하면서 경례를 한 후 차량 문을 열어 드린 후 집무실 앞까지 따라 가면서 아침기온, 유동병력 복귀결과 등 근무 간 특이사항을 보고 하여야 한다.
이때 현관 앞에서 집무실 앞까지 이동거리를 고려 보고할 사항을 나름대로 정리해서 보고 해야 한다.
집무실에 들어가는데 보고가 안 끝나는 곤란한 상황이 없도록 사전 준비가 필요 하다.

당직근무결과 보고 시 보완 및 발전시킬 사항을 보고하면 칭찬 받을 것이다.
예를 들면 "날씨가 추워 대대장님 지시대로 순찰 간 따뜻한 차를 주니까 근무자들이 좋아 하는 것 같습니다. 그런데 순찰로 중에 미끄러운 곳이 있어 오늘 조치하겠습니다."라는 보고를 받기 원한다는 것이다.
그러나 대안도 없이 문제점만 보고 하는 간부가 되어서는 안 된다.

경계부대를 위한 TIP

우리 군은 GOP, GP, 해안소초 등 많은 경계부대를 운영하고 있다.
경계부대는 대부분 소대단위로 이루어져 있으며 소대장 통제 하에 운영되고 있다.
경계부대 소대장은 평시 작전을 수행하는 지휘자 이면서, 작전지원을 책임지는 참모의 임무까지 수행해야 한다.

경계부대는 GP와 같이 적을 마주 보면서 작전을 수행하거나,
적 침투에 대비 전·후방지역에서 무기와 탄약을 휴대하여 작전을 수행하는 현행 작전부대이다.
생명을 위협하는 적과 대치하고 있어, 24시간 초긴장 상태에서 임무를 수행해야 한다.
적의 위협뿐만 아니라, 무기 및 탄약, 지뢰 등 많은 위협에 노출되어 있어 매 순간 긴장 속에서 생활하고 있다.

경계부대가 완전작전을 위해 요구되는 능력은, 적 침투 시 즉각조치 능력, 전투원관리, 제 규정준수 라고 본다.
필자는 GOP, GP, 해안 경계부대에서 지휘관 80개월, 참모 24개월을 근무하였다.
이러한 경험을 바탕으로 경계부대에서 필요하다고 생각하는 사항을 설명하겠다.

첫째, 적 발견 시 즉각조치 능력은 경계부대에서 가장 우선적으로 갖추어야 할 능력이다.

투입 전 교육 시 이미 숙달 된 상태이지만, 투입 후 주기적으로 상황조치 모델을 활용하여 현 작전지역에서 행동숙달이 필요하다.
"0번 초소 전방에 적 3명 접근 중"이라는 상황이 접수되면 물 흐르듯이, 눈을 감고도 자신의 진지에 투입하여 전투준비를 할 수 있도록 숙달 시켜야 한다.
이렇게 숙달 시켜야 하는 이유는 전 소초원이 자신감을 갖도록 만들기 위해서이다.
행동으로 숙달된 자신감은 적에 대한 두려움과 공포를 극복하게 만드는 최상의 방법이기 때문이다.
반복된 훈련은 부하의 생명을 지키는 가장 좋은 방법이다.
즉각조치 훈련을 실시 할 경우 병력들을 작전지역으로 투입하는 훈련도 중요하지만, 소초장과 상황병, 조명 대기포 등과 통합된 상황조치가 필요하다.
훈련 한다고 소초원 들만 고생 시키지 말고, 먼저 소초장이나 부소초장, 상황병, 조명대기포 사수들의 임무수행절차를 숙달 시켜야 한다.
즉각조치에서 중요한 요소 중의 하나가 상황보고이다.
그러나 실 상황이 발생하면 가장 안 되고 어려운 것이 상황보고 이며, 또한 상급부대에서 상황파악 하느라 전화가 계속 통화 중이여서 상황보고가 지연되는 경우가 많다.
상황 발생 시 효율적으로 상황보고를 하려면 대대 지휘통제실과 직통전화가 없을 경우는 최초 통화한 전화기를 대대와 소초에서 계속 통화중으로 두면 직통전화처럼 실시간 상황보고 시 활용 할 수 있다.
이럴 경우 대대나 소초에서 1명은 계속 전화기를 귀에 대고 있어야 하는 제한사항이 따르나, 직통전화가 없을 경우 직통전화 역할을 하여 실시간 대대에 상황보고 및 상급 지휘관의 지침을 수령하는데 효과적이다.

둘째, 전투원 관리를 잘하여 사고가 없는 부대를 만들어야 한다.
경계부대는 실탄과 수류탄을 휴대하고 경계작전을 수행하기 때문에 전투원 관리를 소홀히 할 경우 인명사고로 이어질 확률이 높다.
GP나 GOP는 선발된 병력을 투입하지만, 아무리 우수한 병력들이라도 그 중에 항상 문제를 갖고 있는 병력들이 있다.
문제를 조기에 해결하지 않으면 총기난사 등 강력사고가 발생 할 수 있다.
통상 소초의 문제는 소초장 및 부소초장, 포반장 등 간부들의 문제에서부터 시작 시작된다.
일명 간부들의 기 싸움, 편 가르기 등으로 용사들만 힘든 상황이 되는 경우가 많다.
소대장은 원칙대로 하려는데 부소초장은 융통성을 부리려하는 과정에서 트러블이 생기고, 이 과정에서 용사들은 간부들의 눈치를 보면서 불안한 생활을 하게 된다.
이때 병장들은 편함을 생각하다 보니 융통성이 많은 부소초장을 따르고, 소초장 입장에서는 병장들도 눈엣가시가 되어 버린다.
간부들이 마음을 터놓고 대화를 하면서 양보하고, 서로를 배려한다면 충분히 해결할 수 있는 사항을 소통의 부재로 모두를 힘들게 하는 것이다.
소초장 부터 생각을 바꾸어야 한다.
부소초장, 포반장이나 용사들은 경쟁의 대상이 아니다. 성격이 다르고, 미운행동을 해도 소초장이 품고 가야할 부하들이다.
부소초장 등 경험이 많은 인원들의 의견을 존중해주는 자세가 필요한 것이다.
항상 웃음이 넘치는 화목한 소초는 간부들이 절친한 사이가 되어 있는 부대이다.

경계부대는 투입 후 1개월 까지는 행동미숙에 따른 오발사고 등에 관심을 가져야 한다.
1개월이 넘으면 경계 작전으로 인한 피로누적으로 짜증을 자주내고, 근무간 취침행위 등 근무태만 행위나, 힘들어 하는 용사들이 나타나기 시작하기 때문에 전투원관리에 관심을 가지면서 누적된 피로를 해결 할 수 있도록 휴식과 부대활동을 조화롭게 적용해 나가야 한다.
3개월이 넘으면 타성에 젖어 안전에 대한 생각이 무디어 지므로 지뢰사고 등에 관심을 갖아야 한다.
철수 1개월 전에는 오발사고 등에 관심을 갖는 등 용사들의 심리상태를 잘 파악하여 적시적인 조치를 할 줄 알아야 한다.

셋째, 경계 작전부대는 제 규정 준수가 생명이다.
경계 작전은 융통성을 부려서는 안 된다. 융통성을 부리는 순간 작전에 실패한다.
소초장이 피곤하다고 순찰을 나가지 않고 생활관에서 누어있으면, 초소근무자들은 전부 잔다고 생각해야 한다.
먼저 작전에서 가장 중요한 요소는 시간이다.
근무 투입 및 철수시간은 반드시 준수되어야 한다.
저녁식사가 늦었다고 근무투입을 늦게 해서는 안 된다.
어쩔 수 없는 상황이 발생하여 근무투입시간이 늦을 경우
중대장에게 지휘보고를 하여 대대장의 승인을 받아야 한다.
또한 총기 및 탄약 수불을 상황병에게 절대 위임해서는 안 된다.
경계부대의 총기 및 수류탄 사고는 모두 여기에서부터 출발한다.
총기 및 탄약수불은 간부와 상황병, 총 2명이 하도록 되어 있는데, 상황병에게 열쇠를 위임하여 강력사고가 발생한다는 것을 잊어서는 안 된다.

그리고 GOP나 GP에서는 지뢰 폭발사고에 유의해야 한다.
폭우로 흙더미가 밀려 내려온 곳은 지뢰가 있다고 생각해야 한다.
"길이 아니면 가지마라"는 말이 이유 없이 생긴 것이 아니다.
평소 다니던 길에서도 지뢰를 밟는 경우가 허다하다.
이렇듯 경계작전부대의 사고는 대부분 제 규정을 지키지 않아 발생 한다고 보아야 한다.

다음은 경계작전부대 근무 간 착안 할 사항이다.
먼저 경계부대는 대부분 격오지 부대여서 작전 및 생활여건이 열악하다.
폭우나 폭설 시에는 보급로 단절 등으로 급식 및 급수에 제한사항이 발생하고, 동계에는 급수배관이 동파되는 경우가 많으므로 비상부식, 급수 확보 등에 관심을 가져야 한다.
그리고 경계부대는 보급지원, 순찰 등 소초 방문자가 많다.
이때 상황병은 "브리핑 전에 차 한 잔 드리겠습니다."라는 여유가 있어야 하고, 커피나 시원한 음료를 대접할 수 있도록 교육이 되어 있어야 한다.
또한 상황병이 소초자랑 5가지, 소초장 및 간부자랑 5가지, 취사병 등 소초원 자랑 5가지를 준비시켜 브리핑 후 자랑하도록 하는 노력도 필요하다.

경계부대는 간부들이 조금만 관심을 가지면 칭찬 받으면서, 항상 즐겁고 모두가 행복하게 생활 할 수 있다.

싸우는 방법대로 훈련 하라

지금 당장 전투를 한다 해도 적과 싸워 이길 수 있는 강한전사로 육성하는 것이 교육훈련의 최종목표 이다.

18개월의 군 생활 중 실제 교육훈련을 할 수 있는 시간은 얼마나 될까?
1년은 총 52주이다. 1일 8시간, 주 40시간, 1년에 총 2,080시간을 교육할 수 있다.
군 복무 18개월 중 입대 후 신병교육, 군 생활 중 휴가기간을 제외하면 자대에서 교육훈련을 할 수 있는 기간은 많아야 약 16개월 이며, 훈련할 수 있는 시간은 2,720여 시간 정도이다.
여기서 공휴일, 부대관리 활동 시간을 제외하면 실제 훈련할 수 있는 시간은 약 2,000여 시간이 안 된다.
달인 되려면 약 1만 시간의 노력이 필요하고, 장인이 되려면 약 2만 시간의 노력이 필요하다고 하는데 2,000여 시간을 훈련해서 강한 전사를 육성하기에는 정말 어렵다고 본다.
그렇다면 어떻게 훈련을 해야 강한전사를 육성 시킬 수 있는가?를 고민해야 한다.
결론은 부대 임무에 맞는 교육훈련을 하는 것이다.
현재처럼 병 기본훈련, 주특기훈련을 완성 후 소부대 전술, 대대전술 훈련을 하겠다는 생각을 버려야 한다.
부대원 대부분은 신병교육대에서 병 기본훈련 및 주특기를 합격하고 온 인원들이기 때문에 부대에서는 소부대 전술훈련 위주로 교육을 해야 한다.
병 기본과제 및 주특기 훈련과제 중 취약분야가 있다면 전술훈련 간 취약분야의 시간을 더 많이 편성하여 훈련하면 된다.
예를 들어 매복작전 훈련을 8시간 계획 했다면, 훈련수준 분석 시 취약분야인 크레모아 설치, 조명 지뢰 설치를 숙달시키기 위해 더 많은 시간을 반영해서 훈련하면 된다.
즉, 매복 작전을 위한 군장검사부터 매복전투까지 일련의 절차를 숙달 하면서 취약분야인 크레모아 등을 8시간 중 2~3시간 할당하여 집중교육을 실시하는 방법이다.

싸우는 방법대로 훈련하고, 훈련 한 대로 싸우기 위해서는 적과의 전투양상을 고려해 도출된 전술훈련 과제를 숙달하면서, 전술과제에 포함된 병기본 및 주특기 훈련과제 중 취약분야를 집중 교육하는 방법으로 훈련체계를 바꾸어야한다.
화생방 훈련도 전술훈련을 하면서 상황을 부여하여 방독면 착용부터 제독까지 훈련을 숙달 시켜야 한다.
환자 응급처치도 전술훈련 간 부상자 상황을 부여하여 숙달시켜야 한다,
단, 개인화기 및 공용화기 사격은 사격장 여건을 고려해서 별도 시간을 편성하여 훈련하면 된다.
이러한 훈련방법이 임무에 맞는 훈련이며 싸우는 방법대로 훈련 하는 방법이다.

체력과 신체 특성을 고려 맞춤식 훈련을 하라

군은 강한전사를 육성하기 위해 개인 및 부대평가 체계를 구축하여 평가결과에 의하여 진급, 포상휴가 등 각종혜택을 부여하면서 장병들의 자발적인 참여를 유도하여 훈련을 강화 하고 있다.

군의 이러한 조치는 너무나 당연하며, 오히려 지금보다 훈련을 강화해야 적과 싸워서 이길 수 있는 강한전사를 육성할 수 있다.

하지만 각개전투원들의 구성을 보면 상급부대에서 제시한 목표를 달성할 수 있는 인원이 그렇게 많지 않다는 것이다.

수색대대나 특공연대처럼 선발된 자원으로 구성된 부대들은 큰 문제는 없으나, 대부분의 부대는 부대별로 10~30%의 병사들이 지병이 있거나 신체가 허약하여 합격수준에 도달하기 어렵다.

군은 이러한 현실을 받아들여 계급별 합격목표를 설정하였으며, 부대 전술훈련평가 시 종합전투력측정도 특급전사에 합격한 인원만 평가하고 있다.

그러나 예하 지휘관들의 과욕은 더 높은 수준, 더 많은 인원의 특급전사 합격을 요구하고 있어 평가시기만 되면 고통을 받는 인원이 늘어나고 있는 게 현실이다.

사실 지휘관 입장에서는 부대평가 결과 상층에 들지 않으면 자신의 진급에도 영향을 받는다고 생각해 무리수를 둘 수밖에 없는 상황이다.

이러한 지휘관들의 무리한 욕심으로 인해 평가시기가 되면 군 복무 부적응자가 늘어나고 군무이탈, 자살 등의 악성사고로 이어지고 있다는 것을 우리는 심각하게 받아 들여야 한다.

따라서 강한 훈련을 통해 개인 및 부대 전투력을 강화하면서 군 복무 부적응자를 최소화 할 수 있는 대책을 마련해야 한다.

우선 병 개인평가는 현재 방침을 유지하되, 개인의 체력, 지병 등 신체 특성을 고려한 차등화 평가체계를 적용해야 한다.
대대장급 지휘관이 체력저조자, 지병으로 일부종목 평가제한자 등을 식별하여 개인별 맞춤식 합격목표를 부여해야 한다.
지병이 있거나 체력 열세하다고 해서 훈련을 열외 시키거나 평가를 면제할 수는 없다.
정상적인 용사들과 동일하게 훈련받고 평가를 실시하되 개인의 능력을 고려 합격수준을 정해주고 스스로 노력하여 합격할 수 있도록 해야 한다. 결국 이러한 노력이 최고의 전투력을 유지할 수 있는 방법이다.

현 평가체계를 그대로 적용하면 상·병장 진급을 못하고 일병으로 전역해야 하는 문제 때문에 불합격해도 합격으로 처리해 주는 것보다는 낮은 수준의 목표를 부여하여 훈련에 참여시키고 평가에 합격할 수 있도록 하는 것이 부대 전투력을 향상시키고 군 복무 부적응자를 최소화 할 수 있는 방법이다.
예를 들면, 기흉 환자는 3Km 달리기 보다는 5Km행군을 1시간 내에 주파하면 합격, 팔굽혀펴기를 5개밖에 못하는 인원은 10개 등 개인 능력을 고려하여 합격수준을 제시함으로써 체력저조자나 지병을 갖고 있는 인원도 꾸준하게 체력을 보강할 수 있도록 해야 한다.

둘째, 부대 전술훈련평가는 현 체제를 유지하되, 종합전투력측정 결과 반영은 특급전사 등 기존 목표를 달성한 인원뿐만 아니라 대대장급 지휘관이 합격시킨 인원도 동일하게 합격으로 인정하도록 보완되어야 한다.

이렇게 해야 지휘관들의 경쟁에 의한 과욕을 없애고 소신 있게 부대를 지휘할 수 있다고 본다.

셋째, 각종 경연대회 시 개인별 수준을 고려하여 2~3개 등급으로 구분하여 실시해야 한다.
현재까지는 각 부대가 분·소대 건제유지 평가를 하거나, 잘하는 용사만 선발하여 부대별 경연대회를 실시하고 있다.
그러나 잘하는 용사만 선발하여 평가 시 균형된 전투력 유지가 어렵고, 건제단위 평가는 체력저조자나 지병이 있는 자는 가혹행위를 당하고 있다고 생각해야 한다.
따라서 전투전문가 육성을 위해서는 잘하는 인원끼리 경쟁을 시켜 최고의 전문가를 현행처럼 선발하고, 실력이 부족한 인원끼리 경쟁을 시켜 최고를 선발하는 방법을 적용하면 부대 전투력 증강에 많은 도움이 될 것이다.

넷째, 부대훈련 방법 개선이다. 싸우는 방법대로 훈련하고, 훈련한대로 싸우기 위해 제대별 건제단위 훈련을 강조하고 있다.
이러한 획일적인 방법 때문에 야외 전술훈련을 하거나, 100Km행군을 하면 환자나 체력이 저조한 인원은 주둔지 경계근무자로 잔류시키거나, 타 부대에서 주둔지 경계지원 시에는 의무대에 입실 조치하는 게 현실이다. 즉, 이러한 인원을 훈련시킨다는 게 지휘관으로서는 부담이 크다는 것이다.

이러한 폐단을 없애기 위해서는 전 인원을 훈련에 참가시키되, 체력이 저조하여 100Km행군이 어려운 인원은 50Km나 20Km행군으로 조정 하는 등 훈련에 참여 시켜야 긍지와 자부심을 갖고 생활 할 수 있다는 것이다.

현재 우리군의 훈련 및 평가체계는 건강한 다수의 용사들을 강인한 전사로 만들기 위한 방법이다.
하지만 우리 군이 놓치고 있는 것이 있다. 즉, 어느 조직이든 소수가 문제임을 잊고 있는 것이다.
군에서 각종 악성사고를 일으키는 인원도 소수 인원이다.
그러나 이러한 소수 인원에 대한 훈련 및 평가 시스템이 없고 단순히 보호하고 관리만 하는 것은 분명히 문제가 있다.

현재 훈련 및 평가체계는 체력저조자와 지병이 있는 인원에게는 가혹행위가 될 수도 있다는 것을 알아야 한다.
우리 군이 훈련이라는 명목 하에 공식적으로 가혹행위를 하고 있지는 않는지 생각해 보아야 한다.

훈련에 대한 부담, 훈련열외에 따른 소외감, 자신 때문에 소대가 불합격되었다는 무거운 책임감 및 심리적 압박감, 진급과 포상휴가 제한에 따른 자괴감 등으로 군무이탈 또는 자살을 할 수도 있다는 것을 알아야 한다.

선임병의 폭언·욕설, 구타·가혹행위 등이 발생하는 원인 중의 하나가 바로 훈련 및 평가라는 것을 알고 소수 인원에 대한 훈련 및 평가, 경연대회 등의 방법 개선이 필요하다고 생각한다.

결론적으로 현 평가 제도를 그대로 유지하되, 대대장급 지휘관에게 위임하여 지병 및 체력이 저조한 용사들이 일정한 수준에 도달하면 진급, 포상휴가 등을 정상적으로 시행하고, 부대평가 시에도 지휘관이 제시한 수준을 그대로 반영하여 평가한다면 훈련 및 평가로 인하여 적응하지 못하고 사고를 일으키는 인원을 최소화할 수 있을 것이다.

그러나 이러한 사항들을 상급부대의 지침 없이 예하 지휘관에게 위임한다고 만 한다면 예하 지휘관들의 지나친 욕심과,
단기간 내 목표를 달성하겠다는 의욕 때문에 실행이 어렵고 결국 현재처럼 얻는 것보다는 잃은 것이 많을 것이다.

조직을 단합시키고 강한의지와 신념을 심어주기 위해서는 제대별 경연대회 및 평가를 통해 달성하는 것이 가장 빠르다.
따라서 이러한 방법들을 통해서 비정상적인 소수 인원들도 교육훈련 및 평가에 함께할 수 있는 풍토가 군에 정착되어야 한다.

사격 잘할 수 있다

군인에게 가장 필요한 능력은 백발백중의 특등사수라고 본다.
사실 사격대회에서 우승한 부대가 가장 전투력이 높다고 보아야 한다.
그러나 잘될 것 같으면서 가장 안 되고, 어려운 것이 개인화기 사격이다.
군 생활을 하면서 사격대회 전날에 밤을 설치기도 하고, 사선에서 첫발을 발사하기까지의 긴장감은 말로 표현 할 수 없을 정도이다.
항상 사격을 해왔던 사람도 긴장되고 떨리는데, 처음 사격을 하거나 몇 번 안 해본 이등병은 어떠하겠는가?
이등병에게 사격을 못한다고 질책해서는 안 된다.
자대에 와서 첫 사격 시 합격만 해도 사격을 잘하는 인원이다.
조금만 지도하면 특등사수의 자질을 갖고 있는 용사이다.

그렇다면 사격을 잘하기 위한 방법에 대하여 알아보겠다.
첫째, K2소총, K1소총, M16소총에 대한 공부를 해야 한다.
사격에서 가장 중요한 조준선정열, 거리별 조준방법, 탄착군형성에 따른 개인고벽 지도방법 등을 간부들이 먼저 연구해야 한다.
화기별 조준선정렬 방법을 모르는 간부가 의외로 많다.

둘째, 개인화기 상태를 확인해야 한다.
소총 덮게 유동여부와 가늠자 및 가늠쇠 이상 유무를 확인해야 한다. 사격을 못한 인원 중에 소총 덮개가 흔들리거나, 가늠쇠 끝이 휘어져 있는 소총이 있다.
사격측정 전에는 상급부대에 건의해서 전 병력의 개인화기 총열확장 여부를 확인하고 확장된 총열을 교체해야 한다.
사격을 잘 못하면 질책만 하지 말고 총의 이상 유무를 먼저 확인 후, 다른 사람 총으로 사격을 시켜본 후 잘 하면 총열이 확장되어 있을 가능성이 높기 때문에 총열을 교체해야 한다.
사격전에 간부는 이러한 조치를 해 주어야 한다.

셋째, 항상 동일한 사격자세로 사격해야 된다.
영점사격 시 사격자세와 실거리사격 시 사격자세가 틀리면 안 된다. 통상 실거리사격 시 엎드려쏴 자세에서 의탁사격을 하면서 사격자세가 흐트러져 버린다.
입사호 사격 시에도 대부분 의탁사격을 하면서 양팔이 벌어지고, 소총이 기우는 현상이 발생한다.
의탁사격을 해도 의탁물 높이를 조정하여 영점사격 시와 동일한 사격자세로 사격을 해야 하는데, 사격자세가 바뀌어 어께에 소총 개머리판이 견고하게 견착이 안되고, 소총이 기우러져 있어서 사격을 잘 할 수 없다는 것이다.
3자세 사격 시에는 잘 하던 인원이 입사호에서 못하는 경우가 대부분 이러한 경우이다.

넷째, 사격 시에는 조준선 정열이 가장 중요하다.
K2소총 사격을 마친 인원에게 종이를 나누어 주고 가늠자와 가늠쇠울이 어떻게 보였는지 그려 보라고 하면 각각 틀리다.
교리대로 그린 인원은 사격을 잘한 인원이다.
그러나 사격을 못한 인원은 대부분 한쪽이 두껍거나, 가늠쇠울이 가늠자 구멍보다 크거나 작은 경우가 대부분이다.

이러한 병력은 조준선 정열 방법을 다시 교육하여야 한다.

다섯째, 급작사격을 하거나 놀래서 눈을 감는 인원은 사격에 대한 두려움이 많은 인원이다.
이러한 인원은 질책하고 얼차려를 주어서는 안 되고, 사격에 대한 자신감을 심어주는 것이 중요하다.
영점사격장에서 풍선을 크기별로 준비해서 사격을 허 터트리게 하거나, 아주 작은 박카스 병부터 큰 병까지 놓고 사격을 시켜보면 자신감을 빨리 찾을 수 있다.

교육훈련을 위한 TIP

교육훈련에서 가장 중요한 것은 교관의 능력이라고 볼 수 있다.
교육기관의 교관은 해당 과목에 대한 전문가이지만, 야전부대의 교관은 전 과목에 대한 전문가가 되어야 한다.
또한 야전부대 교관은 해 부대의 임무 및 작전계획에 의한 작전수행 능력을 갖추어야 한다.
모든 훈련은 작전계획 숙달에 목표를 두고, 전투모형에 의한 전투기술을 숙달 할 수 있도록 훈련 시켜야 한다.
적이 있는 훈련을 위해서 작전계획상에 명시된 적의 부대 및 규모와 적의 행동양상 등 적전술을 기본적으로 알아야 하고, 적의 행동에 대응하는 전투기술을 숙달 시켜야 한다.

싸우는 방법대로 훈련하고, 훈련한대로 싸워 승리 할 수 있는 부대를 만들기 위해서는 훈련방법을 바꾸어야 한다.
병 기본과제나 주특기과제가 취약하다고 판단하여 병 기본 및 주특기 과제를 별도로 훈련시키는 우를 더 이상 범하지 말아야 한다.
여기서는 교육훈련 간 훈련 방법이나 전술적 행동을 잘못적용하거나, 훈련 간 지휘관에게 참고가 될 만한 사항을 설명 하겠다.

첫째, 박격포 훈련 시 연병장에서 조포훈련 위주로 숙달시켜서는 안 되고, 야지에서 관측소, 사격지휘소, 포진지로 나누어 진지전환을 하면서 훈련해야 한다.
박격포 훈련은 부대주변 교장 등 임의지형에서 관측소, 사격지휘 소, 포진

지조로 나누어 관측소에서 표적을 획득하여 보고하면,
사격지휘소에서는 사격제원을 산출하여 사격명령을 하달하고,
포진지에서는 사격제원에 맞게 포를 조작하여 비사격훈련을 실시하는 팀 단위 훈련을 해야 전술적 운용능력을 키울 수 있다.
이라한 방법으로 훈련을 하라고 하면 전입신병이 와서 아무것도 모르기 때문에 연병장에서 조포훈련 숙달을 먼저 해야 한다고 말 할 것이다.
박격포 조포훈련을 왜! 하는 것인지 모르기 때문이다.
조포훈련 시 이등병은 겨냥대만 들고 뛰어 다니는 훈련을 해서는 안 된다.
이등병도 포수, 부포수, 탄약수 직책을 순환하여 숙달 시켜야 한다.
박격포 전술적 운용 및 사격을 잘못하는 원인이 여기에 있다.

둘째, 방어진지, 차단진지, 경계진지에서 전방 감시지역을 관측하다 적을 발견하면 조준사격 자세로 전환해야 하는데, 진지 점령 시부터 조준사격자세로 엎드려 있는 것은 잘못된 행동이다. 진지를 점령하면 고개를 들어 감시지역을 감시해야 한다.
이렇게 잘 하고 있다가도 상급자나 검열관이 오면 조준사격자세를 취하는 경우도 있는데, 이는 최초부터 교육이 잘못 된 것이다.
준비태세 시 증가초소 점령인원을 보면 모두가 조준사격자세를 취하는데 잘못된 행동이다.
한 눈으로 보는 것 보다는 두 눈으로, 엎드리는 것 보다는 고개를 들고 관측하는 것이 적을 빨리 발견할 수 있다.

셋째, 부대이동 간 휴식 시 경계병은 적의 수류탄 투척거리를 고려하여 배치하라.
교리에는 적이 아군을 감제 관측이 가능한 지역에 배치하라고 되어 있다.

여건이 된다면 최상의 방법이지만 행군이나, 부대이동 간 병사들의 피로도를 고려 시 쉽지만은 않다.
따라서 경계병을 배치 시 휴식지역 주변에 경계병을 배치하되, 최소거리는 적이 수류탄을 투척 가능한 30m~50m 정도 이격시켜 배치해야 한다.
차량운전병도 차량 주변에서 경계하는 것이 아니고 적의 수류탄 투척거리를 고려 차량에서 떨어져서 경계해야 한다.
경계병을 효율적으로 운용하기 위해서는 행군 간, 부대이동 간 이동거리를 고려하여 휴식 시간별 경계병을 사전에 편성하여 휴식 간 자동으로 경계를 할 수 있도록 해야 한다.
휴식 간 기관총은 총구를 적 방향을 지향 시킨 상태에서 휴식을 하고, 박격포는 제대별로 1문만 긴급방렬을 시키면 된다. 즉, 대대 행군 간 휴식 시에는 81밀리 박격포 1문, 중대 행군 시에는 60밀리 박격포 1문을 방렬하면 된다.

넷째, 동계훈련 시 관심 분야는 동상예방이다.
동계에는 양말이나 속옷이 젖지 않도록 비닐봉지에 넣어 군장 결속을 해야 한다.
야외 숙영 시 젖은 전투화를 그대로 방치 하면 아침에 얼어서 신을 수가 없다. 따라서 젖은 전투화는 구두약을 칠한 후 비닐봉지에 싸서 침낭 안에 넣어 베개처럼 베고 자면 마른다.
즉, 젖어 있는 것은 침낭 속에 넣어 두면 열기에 의해 잘 마른다.

다섯째, 전술훈련 전 통신병 음어낭의 지퍼고장 등 음어를 분실 할 수 있는 취약요인을 잘 확인하여야 한다.
지퍼가 고장 난 음어낭은 분실되지 않도록 보수해야 한다.

음어를 분실하면 찾을 때 까지 훈련을 할 수 없는 상황이 발생하므로 훈련 간 비문관리를 철저히 해야 한다.

여섯째, 행군 시 발바닥에 물집이 생기지 않도록 하기 위해서는 휴식 시마다 양말을 갈아 신어야 한다.
많은 양말을 휴대할 수 없기 때문에 교체한 양말은 바닥을 비벼서 편 상태로 군장에 보관 했다가 신으면 새 양말을 신는 효과가 있다. 물집을 예방하기 위한 여러 가지 방법이 있지만 양말을 휴식시간마다 갈아 신으면 물집이 생기지 않는다.
또한 행군 후 다음날 발바닥이 아파 걷기가 힘들 것이다.
이럴 때는 행군 후 잠자기 전에 발바닥에 안티프라민을 바르고 자면 다음날 발바닥 통증이 없어진다.

PART 5

언어폭력을 근절 시켜라

큰소리치고 욕설을 해야
군이 잘 돌아간다는 생각을 바꿔라.
성격 탓, 습관 때문에
욕설을 한다는 생각을 버려라.
전투 간 내가 부상을 입으면
나를 업고 뛸 전우들이다
내 생명을 지켜줄 소중한 사람들을
어떻게 미워하고,
욕하고 때릴 수 있겠는가?

지금도 욕설을 하고 있는가?
칭찬보다 질책이 우선시 될 수밖에 없다고 생각 하는가?
꼼꼼하고 세밀하면서 자상한 지도가 필요하다.
눈높이를 낮추면 칭찬할 것이 많이 보인다.
강압적, 일방적인 지휘 및 업무를 하고 있지 않는가?
내 판단, 내 방식, 내가 최고라는 생각이 권위주의 자를 만든다.
상급자를, 선임병을 미워하고 증오하는가?
상대방의 좋은 점만 생각하면 사랑이 싹튼다.
내 탓이오' 라고 생각하면 이해와 용서를 할 수 있다.
나부터 생각을 바꾸지 않으면 따뜻한 부대는 만들 수 없다.

폭언 · 욕설 무엇이 문제인가?

구타 및 가혹 행위를 하지 않도록 교육하기 전에 폭언 및 욕설을 하지 않도록 하는 게 중요하다.
모든 구타 및 가혹 행위 전에 일어나는 게 폭언 · 욕설이기 때문이다.
요즈음 젊은 세대들은 SNS 등의 다양한 소통 채널 발달로 비속어나 신조어 사용이 보편화 되어가고 있다.
"씨벨, 졸라, 병신, 담탱이, 야 임마, 이 새끼, 이 자식" 등은 욕설이 아닌 친한 사람에게 사용하는 언어로 인식하고 있다.
또한 욕설을 언어폭력으로 생각하지 않고 사용하고 있다는 것이 문제이다.

입대 전 어떤 생활환경 속에서 성장 했는가도 중요하다.
A용사는 집에서 "죽일 놈, 나가서 죽어 버려라" 등의 폭언을 듣고 자랐으며, 친구들과도 "X새끼, XX놈"등의 욕설을 하면서 살아온 인원은 욕설에 대해 심각하게 받아들이지 않는다.
B용사의 경우 집에서 "우리아들, 사랑해, 잘했어"라는 말을 듣고 자랐으며, 친구들과 만나도 역시 내 친구야, 너 가 최고야 등 좋은 말 만 듣고 살아온 인원은 폭언·욕설을 들으면 분노를 느끼고 상처를 입고 그통을 받는다.

사투리를 쓰던 사람이 하루아침에 표준어를 사용할 수 없는 것처럼 평소 사용하던 언어습관을 간단하게 바꾸기란 쉽지 않다.
평소 부대에서 폭언과 욕설을 자주하는 사람이 부대 밖이나 집에서 폭언과 욕설을 하지 않고 고운 말 만 할 수 있을까?

평소 폭언·욕설을 자주하는 사람은 친구와 전화를 통화할 때, 가족과 다투게 되거나, 아이들을 혼낼 때 무의식적으로 폭언·욕설을 내뱉게 된다.
폭언·욕설을 하면 가족들은 당신을 어떻게 생각할까?
아이들은 과연 주변 친구들과 대화할 때 어떠한 말을 사용할까?

무심코 전화기에 대고 폭언과 욕설을 뱉은 순간 주변사람들은 그 사람이 어떤 옷을 입고 있던, 얼마나 돈을 많이 쓰던 간에 그 사람을 가장 무식한 사람으로 평가할 것이다.
이렇게 폭언·욕설은 자신의 가치뿐만 아니라 주변사람들의 가치까지 떨어뜨린다.
그래서 간부는 올바른 언어습관을 갖기 위해서 각고의 노력을 해야 되는 것이다.

병영 내 언어폭력은 자살이나 군무이탈 등 강력사고로 이어진다.
동작이 느리다는 이유로 잦은 질책과 "X새끼"등 폭언을 하고, 근무지에서 행동이 미숙하다고 질책, 목소리가 작다는 이유로 "XX 목소리 기어들어가" 등 잦은 폭언을 견디지 못해 자살을 하거나, 병장이 하루에 청소를 10번 이상 시키고, 관물대 검사를 수시로 하면서 "야 XXX들아 똑바로 안 할래"하면서 가혹행위 및 언어폭력을 일삼아 군무이탈을 한 사례 등이 있다.

특히 간부들의 언어폭력은 병사들에게 언어폭력을 해도 된다는 암시적인 지시와 같다.
간부가 병사들에게 욕설을 한번하면, 선임병들은 후임병들에게 10번 이상 한다고 보면 된다.

언어폭력의 가장 큰 문제는 피해자를 죽음으로 몰아넣고도 욕설을 한 당사자는 친근감의 표시나 장난으로 포장 한다는 것이다.
충격적인 것은 언어폭력, 구타 및 가혹행위를 하고 있는 간부가 병사들에게 언어폭력을 하지 말라고 교육하고 있다는 것이다.

다음은 군 생활 시 자살사고가 발생한 부대를 조사한 결과이다.
『사고 발생 중대는 중대장 및 간부들이 똑똑하고 잘한다고 소문난 중대였는데, 조사결과 이들이 상급자에게 잘 보인 이유는 분대장 등 용사들의 고통과 눈물의 대가였다.
중대장이 용사들에게 폭언하고 구타하자, 모든 간부가 구타 및 가혹행위, 폭언·욕설을 하면서 전혀 죄의식을 못 느끼고 있었다. 간부들은 말로만 지시하고, 모든 업무가 분대장이나 선임병에 의해 이루어지고 있었다.
그래서 중대장이 상급자에게 지적 받으면, 모든 책임은 용사들이 질 수밖에 없는 분위기였다.』
조사 과정에서 중대장, 행정보급관 등 모든 간부들이"장난, 친근감의 표시"였다고 말하는 것도 충격적이지만,
간부들이 용사들에게 구타 및 가혹행위, 언어폭력을 하지 말라고 교육했다는 게 더 큰 문제였다.

언어폭력이나 구타 및 가혹행위는 업무에 자신감이 없는 자, 업무수행능력이 없는 사람일수록 폭언 · 욕설이 심하다.
자신은 능력이 안 되고 밑에서 하는 것은 마음에 들지 않고, 상급자에게 혼나고 싶지 않아 하급자만 괴롭히는 것이다.
자신은 하지 않고 시키기만 하는 권위주의자가 언어폭력을 많이 한다.
내가 이런 것 할 군번인가?

일 · 이등병이 궂은일을 해야 하는 이유가 여기에 있다.
이런 사람은 자신의 요구조건에 맞지 않으면 수시로 화내고 욕을 한다.

또한 상급자 앞에서만 하는 척 하는 기회주의자가 언어폭력을 많이 한다. 대부분의 상급자는 이런 사람을 업무를 잘하는 것으로 착각한다.
일을 잘한다고 생각되는 간부 중에 폭언 · 욕설 자가 많다는 것을 알아야 한다.
이러한 인원은 상급자에게 지적 받으면 그 부대는 초토화가 되어버린다.
가장 식별하기 힘든 사람이기 때문에 불시 순찰이나 설문 등을 통해 식별하여 조치해야 한다.

또한 자신만 생각하는 이기주의자 중에 언어폭력을 하는 사람이 많다.
모든 것을 자기 잣대로만 평가하여, 자신은 옳고 타인이 하는 것은 미흡하고 잘못되었다고 생각하는 사람이다.
폭언·욕설을 하면 현 계급에서 군 생활이 끝난다는 것을 왜! 모르는가?

언어폭력은 생명줄을 끊는 행위이다

폭언 · 욕설은 상대방을 죽게 만든다.
자살사고가 발생하여 조사결과 사망자는 복무부적응 자가 아니었으며, 항상 밝은 모습으로 생활 했던 인원 이였다.
"운전이 미숙하여 죽고 싶고 힘들다."라고 중대장 및 동료들에게 말을 했으나 평소 밝은 모습이어서 격려만 실시하였다.
조사결과 운전미숙, 군기가 빠졌다는 이유로 행정보급관 및 선임병 3명에게 수차례 폭행 및 질책을 받은 게 자살 원인 이였다.
중대장 면담 시 "죽고 싶다"라고 했을 때 병영 부조리 여부를 조사해서 조치를 했다면, 폭행 및 질책하기 전에 운전이 미숙한 원인을 파악해서 자상하게 지도했다면 죽지 않았을 것이다.
부하를 죽게 만든 행정보급관과 군 생활을 잘해온 하급자를 죽게 만든 선임병 3명은 구속 되어 처벌을 받았다.
폭언·욕설 시 내가 범죄자가 된다는 것을 왜! 모르는가?

간부가 용사 앞에서 하급간부에게 욕설, 일부 간부는 입만 열면 그 자체가 다 욕설, 시키는 일을 제대로 안한다고 욕설하고 인격모독을 하고, 찍고 달리기, 주먹 쥐고 엎드리기 등 얼차려가 아닌 가혹행위를 하는 간부들은 그 결과가 자신과 가정, 부대에 얼마나 큰 피해를 가져오는지 한번이라도 생각 해 보았는지 의심스럽다.

폭언 · 욕설 등 언어폭력을 하게 되면 징계를 받거나, 구속되어 범죄자가 된다.

징계를 받으면 진급이 안 되고, 감봉은 봉급 1/3 감액, 정직은 봉급 2/3 감액 등 경제적 손실이 뒤따른다.
징계에 따라 정근수당, 가족수당, 장려수당, 명절휴가비, 주택수당 등 각종 수당도 1/3 감액 또는 일정기간 미지급 한다.
성과상여금이 미지급 되고, 최소 6개월부터 최대 21개월까지 호봉승급이 제한된다.

자살 등 강력사고 발생 시 직접적인 원인이 상급자의 언어폭력 으로 판명되면 파면되거나, 실형을 받을시 퇴직금이 50%감액 되며, 연금도 받을 수 없다. 말 한마디의 경제적 가치는 너무도 크다. 경제적 손실은 본인뿐만 아니라 가족들에게도 피해가 크다.
폭언·욕설을 하는 자는 안면근육이 경직되어 일그러진 가장 추한 모습을 갖게 되고 40이 넘으면 성형수술도 불가하다.
욕을 한 후의 후회스러운 감정이 쌓이면 병이 생겨 빨리 죽는다.
또한 폭언 · 욕설을 자주하면 평생 범죄자로 살아갈 수밖에 없다.
폭언 · 욕설을 듣는 자는 자존심 손상, 인격적인 모독, 모멸감 등으로 복무염증을 느끼고 불안감 등으로 군무이탈을 하거나 자살을 하게 된다. 또한 반발심리가 가중되어 존경심, 복종심이 없어지게 된다.

한 사람이 죽기 전에, 범죄자가 되기 전에, 징계 받기 전에 폭언 및 욕설을 끝내야 한다.

언어폭력 왜! 근절되지 않는가?

군에서 언어폭력이 근절되지 않는 것은 간부, 선임병, 후임병들의 잘못된 행동이 악순환 되기 때문이다.
간부들이 분대장이 아닌 선임병을 통해 지시하고 책임추궁 하게되면, 간부에게 혼난 선임병은 후임병을 질책 하게 된다.
불만이 쌓인 후임병은 자기도 모르게 불손한 행동을 하게 되고, 이에 격분한 선임병은 언어폭력 및 구타를 하게 된다.
이러한 악순환의 고리를 끊지 않으면 병영 내 언어폭력은 사라지지 않는다.

또한 언어폭력을 근절시키고자 하는 간부들의 의지부족으로 언어폭력이 근절 되지 않고 있다.
간부가 인격모독 및 폭언·욕설한 사실을 적발하여 조사한 결과 해당간부는 큰소리로 통제하고 간섭하는 것을 용사들이 오해했다고 변명 하였다.
사실 확인 결과 "야 임마! 이 새끼야, 똑바로 안하는 놈은 영창 보낼 거야, 너는 이것밖에 못해" 등 짜증과 불만 섞인 말투 로 욕설을 한 사실이 드러났다.
"임마, 놈, 새끼야"는 분명히 욕설인데 군에서 통상적으로 사용하고 있어 문제될 것이 없다고 생각 했다는 것이다.

간부들이 선임병들의 폭언·욕설 행위를 인지하고도 한두 번 욕설했다고 처벌할 수 있나?라고 생각 하거나, 평소 정말 잘하는 인원인데 후임병이 오죽 말을 안 들었으면 그랬을까? 라고 오히려 폭언·욕설 자를 감싸려드는 간부들의 잘못된 인식과 분위기가 근절을 어렵게 하고 있다.

간부 상호간 언어폭력 또한 심각하게 받아 들여야 한다.
"능력도 없는 멍청한 XX, 용사만도 못한 XX, 너 왜! 어제 보고 안했어? 자꾸 이렇게 할 거야? 그냥 죽어버려라"라고 말해도 간부이기 때문에 문제가 안 된다고 생각해서는 안 된다.
간부들의 군무이탈, 자살은 대부분 상급자의 언어폭력 때문임을 알아야 한다.

수십 번 잘못을 지적했는데도 고치려 들지 않고, 노력도 하지 않는다.
간부인데 지시한 사항을 하지 않는다고 매번 처벌할 수도 없고, 좋은 말로 하면 일을 하지 않고, 화내고 무섭게 해야 일을 한다는 변명은 더 이상 필요가 없다.
폭언 · 욕설은 자신의 무능함을 합리화 하려는 수단이며, 상습적인 욕설 자는 "히스테리성 정신질환자"로서 치료를 받아야 한다.

용사에 대한 간부 언어폭력 사례도 많다.
"일처리를 제대로 못 한다"며 폭행, "차라리 죽어라"고 폭언하거나, "업무가 미흡하다"폭행하고, "개처럼 맞으면 말이라도 듣는다."라고 모욕, 간부가 후임병들 교육을 잘못 시켰다고 선임병들을 폭행 하고, 말대꾸 한다고 폭행 및 폭언을 하는 행위들도 있다.
어떤 간부들은 상급부대 설문 시 "써봤자 니들만 X 된다"며 협박하거나 대부분 장난이며 친근감의 표시였다고 말하고 있다.

또한 폭언·욕설 근절을 악 이용하는 하급자 및 후임병들의 사고방식이 언어폭력 근절을 어렵게 만들고 있다.
자신이 해야 할 업무도 하지 않고 노력도 하지 않으면서 잘못을 지적하면 상급자에게 대들거나 불평·불만을 토로하는 간부들, 선임병이 말하면 답변도 안하고 심지어는 신경질 내는 후임병이 있기 때문이다.

심지어는 상급부대 설문 시 없는 사실까지 적어 선임병이나 상급자를 매도하는 행위도 근절을 어렵게 만드는 요인이다.
잘못을 저질러 놓고 "너 욕하면 군 생활 끝나는 수가 있어"라는 하급자나 후임병들의 잘못된 생각 때문에 근절이 더욱 어렵다.

그리고 언어폭력을 발견해도 정에 얽매여 규정대로 처벌 하지 않는 게 더 큰 화를 초래하고 있다.
간부의 경우는 징계하면 진급도 안 되고, 군 생활 끝나는데 혼내고 말지라는 생각을 하거나, 용사의 경우는 형사처벌보다 근신, 휴가제한으로 징계하면 되겠지 라는 미온적인 조치가 어렵게 만든다.
일벌백계의 각오가 없이는 폭언·욕설은 절대 근절되지 않는다. 미온적인 조치의 결과는 한명의 목숨을 빼앗거나, 언어폭력 자를 범죄자로 만든다는 것을 명심해야 한다.

또 하나의 요인은 폭언·욕설이 있어도 부대관리에는 큰 문제점이 없다고 생각하거나, 사고만 안 나면 된다는 식의 절박감이 없어 근절이 어렵다.
나도 집에 가면 얘들에게 욕하는데, 남자들 세계에서 욕설은 어느 정도 용납해야 한다는 생각 때문에 근절 되지 않고 있는 것이다.
언어폭력으로 한명이 죽고, 구속되거나 징계를 받고 후회하면 이미 늦다는 것을 알아야 한다.

언어폭력에 대한 정확한 이해 부족 또한 근절을 어렵게 단든다.
"야! 이것밖에 못해, 걸리면 영창이야, 귀에 못 박았냐" 등 상대방에게 거부감, 혐오감을 주는 거친 언어는 폭언이다.
"야! 임마, 이 새끼, 야! 이놈아"는 분명히 욕설이다. 사고조사를 하다 보면 큰소리로 통제한 것밖에 없다. 장난이었으며 친근감의 표시였다고 하나 당한 상대방은 굴욕과 모욕감, 혐오감을 느꼈다고 말하고 있다.

용사들은 언어폭력이 근절되지 않는 이유를 이렇게 말하고 있다.

간부들은 폭언·욕설을 하면서 용사들에게만 언어폭력을 하지 말라고 교육하고 있어 근절이 어렵다는 것이다.

또한 후임병들에게 언어폭력 유발행위를 하지 않도록 하는 교육과 처벌기준이 없다고 말한다.

대들거나 무시하는 후임병을 보면서 용서하고 참아야 하는가?

폭언·욕설하는 간부는 처벌 하지 않고 용사만 징계하는 분위기가 개선되어야 한다고 말하고 있다.

근본적인 문제해결보다는 나타나는 현상만 조치하는 땜방식의 조치가 근절을 더욱 어렵게 만들고 있다.

언어폭력을 근절하려는 노력이 부족하다. 특히 형식적인 구호제창, 교육, 포스터 부착이 전부라는 간부들의 인식이 언어폭력을 근절을 더욱 어렵게 하고 있다.

더 큰 문제는 부대를 위해 열심히 하다 보니 나도 모르게 언어폭력을 했다는 자기 합리화이다.

법과 규정을 위반하는 것은 부대를 위한 것이 아니라 부대를 최악의 상태로 만드는 행위라는 것을 알아야 한다.

언어폭력 근절을 위한 TIP

금연이나 금주보다 언어폭력 근절이 더 쉽다.
금연이나 금주는 개인 건강을 위해서 해야 한다.
금연을 시작하면 손 떨림, 불안증세, 기억상실 등 금단현상이 심해져서 좀처럼 담배를 끊을 수 없다.
알콜 중독자가 술을 끊기 시작하면 불안증세가 심하고, 의욕이 없어지고 식욕감퇴가 되는 등 금단현상이 심하여 치료를 받지 않으면 술을 끊기가 힘들다.

그러나 폭언 · 욕설은 담배나 술을 끊는 것 보다 더 쉽다.
폭언이나 욕설을 안 하는 것은 내 인생과 가족 및 사랑스러운 자녀를 위해서이다.
언어폭력을 안 하면 금단현상처럼 불안하거나 손 떨림 등이 전혀 없다. 오히려 기분이 좋아지고 행복해진다.
좋은 친구도 많이 생긴다.
이렇게 자신뿐만 아니라 상대방까지도 행복을 느끼게 할 수 있다.

언어폭력을 근절하기 위해서는 간부들의 생각이 바뀌어야 한다.
언어폭력을 하면서 부대를 위해 열성적으로 근무하고 있다고 착각해서는 안 된다.
폭언 · 욕설로 인해 한사람이 죽을 수도 있는데 부대를 위한다고 할 수 있겠는가?
폭언 · 욕설 자는 부대의 전투력을 약화시키는 암적인 존재라고 보면 된다.

성격이 급해서 "화가 나면 나도 모르게 욕설을 한다."라고 언제까지 성격 탓을 할 것인가?

언어폭력이 용납되지 않는 분위기 조성이 필요하다.
간부들부터 언어폭력만큼은 묵인하지 않고 일벌백계 하겠다는 의지가 필요하며, 폭언·욕설 자는 규정에 의거 적법 처리하여야 한다.
폭언·욕설 자는 반드시 징계를 하거나 구속 등 처벌기준에 의거 강력하게 처리하고, 폭언·욕설 사실을 은폐하거나 관대하게 처리하는 지휘관도 문책 하여야 한다.
한 명이 죽고 나서 관련자를 강력하게 처벌 하려하지 말고, 한명이 죽기 전에 언어폭력을 행한 인원에 대해서는 용서를 해서는 안 된다.

군 생활을 하다보면 화도 나고, 욕하고 싶을 때가 많다.
지시를 했는데 이행하지 않고 엉뚱한 행동을 할 때, 하급자가 자신의 잘못을 시인하지 않고 오히려 대들 때, 동일한 실수를 반복하면서도 고치려고 하지 않을 때, 현 상황을 모면하려고 거짓말을 할 때, 지시하고 있는데 쳐다보지도 않고 대답도 건성으로 할 때 등 정말 화가 날 것이다.
이러한 상황에서 화내고 욕하는 순간 당신이 가해자가 된다.
참지 말고 잘못한 것에 대해서는 분명히 책임을 묻되, 법과 규정에 의거 문책해야 한다.

자신 스스로 "Mind Control" 방법을 터득하는 것도 중요하다.
화가 나면 "허허"하고 웃어라. 그래도 풀리지 않으면 하늘을 쳐다보고 심호흡을 3번 하라.
계속 화가 나면 칭찬부터 하고 나서, 잘못된 분야를 지도하겠다고 생각하라.

정말 분이 안 푸리면 우선 그 자리를 회피하라, 보지 않으면 화가 풀린다.

열심히 하는데 업무가 미숙한 간부는 눈높이를 맞추어 더 세심하게 지도해야 한다.
반복적으로 업무를 지연 시키거나, 미보고 하는 간부는 우수부대 평가에 반영 하거나, 각종 선발이나 포상 제한 등의 조치를 하되, 지시 불이행시 징계 등의 조치가 필요하다.

언어폭력 근절은 일회성이 아닌 반드시 척결해야 할 중요과업으로 인식하여 전간부가 강한 의지를 갖고, 끈질기고 지속적인 교육-색출-지도-신상필벌이 필요하다.
언어폭력 근절을 위해서는 다양한 노력을 경주해야 한다.
생활관, 화장실 등을 밝고 쾌적하게 개선하는 것도 하나의 방법이다. 선술집에서 싸우는 사람은 있어도 호텔에서 싸우는 경우는 드물다.
욕쟁이 리스트를 작성 언어습관 개선을 위해 집중지도를 실시하고, 맞춤식 임무부여 및 의사소통 활성화를 위한 노력도 필요하다.

언어폭력 행위 발생 시 개인 및 부대, 생활환경 등 종합적인 원인분석 및 조치가 필요하다.
폭언·욕설 행위자만 처벌하는 단순조치로는 근절이 어렵다.
언어폭력은 잡초와 같아서 결코 쉽게 근절되지 않는다.

또한 간부들이 먼저 웃는 얼굴로 칭찬하는 분위기 조성이 필요하다.
눈높이를 낮추면 칭찬할 일이 많아질 것이다.
눈에 보이는 현상만 보고 질책하는 우를 범해서는 안 된다.

교육시간에 졸면 조용히 불러 수면시간이나 감기약 복용여부 확인하고, 용사가 경례를 안 하면 불러서 고민이 있는지 확인하고 교육하는 노력이 필요하다.
“인연 맺기”로 소중한 관계를 유지하는 방법도 있다. 평소 좋아하는 사람은 실수를 해도 밉지 않다.

PART 6

軍 사고 예방할 수 있다

대형사고가 나기 전에 29번의 작은 사고가 있고
300번의 사소한 징후가 있다.

-하인리히의 법칙-

우리는 한명도 죽지 않길 원한다.
그러나 사고가 나지 않길 원 할뿐, “이 정도는 괜찮겠다.”는
막연한 위안이, 당연히 “교육하고 확인 하였겠지”라는 생각이
무사안일, 무관심과 무지가, 나태와 게으름이 사고를 부른다.
사고 발생 후 후회하는 마음을 사고발생 전 가져보길 원한다.

지휘관 부임 후 3개월을 조심하라

지휘관 부임 후 3개월 이내에 가장 많은 사고가 발생한다.
가장 열심히 하는 시기에 왜! 사고가 집중되는 것인가?
지휘관 부임 후 3개월은 부대활동과 많은 제도들이 바뀌는 과정에서 아직 정착되지 못해 부대가 혼돈스러운 시기이다.

대부분의 지휘관은 초기에 강한훈련으로 적과 싸워 이길 수 있는 부대를 만드는데 초점을 맞추어 지휘하게 된다.
혁신이라는 명목 하에 모든 것을 고쳐나가고, 새로운 것을 만든다.
그러나 아무리 합리적이고 좋은 제도라 하더라도 모두를 만족 시킬 수는 없다.
전 지휘관은 군 복무에 부적응하는 소수인원을 위해 제도를 만들어 시행했었는데, 후임 지휘관이 부대를 진단하다 보니 대다수의 용사들이 불평을 하여 제도를 없애거나 바꾼다면, 소수는 다시 힘들게 군 생활을 할 수밖에 없는 것이다.
이러한 관점의 차이 때문에 사고발생 확률이 높다는 것이다.

사고발생 후 소대장을 만나보면 "정말 잘해주었는데"라고 배신감에 떨고 있는 것을 본다. 그러나 문제요인은 분명히 있다.
때로는 '지극정성'이 사고 원인이 될 수도 있다.
전임소대장이 박 일병은 무릎이 아프니까 관심을 가져야 한다고 해서, 후임소대장은 매일 박 일병의 오른쪽 무릎을 안티프라민으로 마사지를 하면서 치료를 해 주었는데, 1개월 후 해당 용사가 군무이탈을 했다.

박 일병을 체포 후 확인결과 왼쪽 무릎이 아픈데 소대장은 아프지 않는 오른쪽 무릎만 집중적으로 치료하다보니 또 하나의 고통을 주었던 것이다.
정확한 진단 없이 섣부른 치료만 해서는 실패한다.
나의 열정적인 노력이 때론 상대방을 피곤하게 만들거나 고통을 줄 수도 있다는 것을 알아야 한다.

지나친 믿음이 사고를 부르기도 한다.
부소대장, 분대장, 선임병이"소대장님 그게 아닙니다."라고 말할 때 일단 수긍하고 관련 규정을 확인하라.
확인도 없이 부하들이 말하는 것을 그대로 믿고 행동하면 문제가 발생한다.
또한 경험과 연륜을 계급으로 누르려고 하지 말고 귀담아 듣데, 확인해서 조치해야 한다.
주변의 말을 듣지 않고 고집스럽게 하면 중도에 포기하거나, 좌절을 맛볼 수도 있다.
"이렇게까지 했는데"라고 스스로 믿음을 키워 가지마라.
스스로 최선을 다했다고 자만심에 빠지면 실패할 확률이 높다.
확인하고 또 확인하면서 미흡분야를 보완해 나가는 열정이 있어야 한다.

전투원을 잘 관리 하라

전투력 발휘의 주체인 전투원(병+간부)을 잘 관리해야 최상의 전투력을 유지 할 수 있다.
완벽한 전투준비 태세를 위해 최상의 전투력을 유지한다는 것은 전투원 관리 + 교육훈련의 완성이라고 보아야 한다.
이 두 가지를 동시에 달성하지 못 했을 때는 실패할 수밖에 없다.

교육훈련을 열심히 하면서 전투원 관리를 소홀히 하게 되던 요망하는 성과를 얻을 수 없고, 전투원 관리에만 치중하다 보면 교육훈련을 소홀히 할 수 있다.

연대나 대대 전술훈련을 위해 많은 시간을 두고 훈련하고 준비할 것이다. 그러나 지휘관 의지대로 움직이지 않는 용사들을 보면서 우리는 많은 것을 느껴야 한다.
싸울 의지가 없는 인원은 훈련한대로 싸울 수 없고, 훈련을 안 받은 인원은 의지가 있어도 패할 수밖에 없다는 것이다.
아무리 많은 시간을 투자해서 훈련을 해도 전투원 스스로 싸울 의지가 없을 때는 성공적인 지휘는 보장 받을 수 없다는 것을 알고 전트원 관리에 보다 더 많은 시간 및 정성과 노력을 투자해야 한다.

전투원 관리는 별도의 시간을 할애하며 관리하는 게 아니다.
교육훈련 중, 작업장에서, 체육활동 간, 식사 간, 생활관에서 활동하는 모습을 주의 깊게 지켜보다 조금만 이상이 있으면 만나서 면담하고, 애로사항과 고민을 해결해 주려는 노력이 필요하다.
부모가 자식이 조금이라도 이상하면 바로 알듯이 부대 및 용사들에게 애정을 갖고 있으면 문제점을 쉽게 식별 할 수 있다.

그렇다면 전투원을 어떻게 효율적으로 관리해야 하는지 알아보겠다.
첫째, 최초 전입 시 병무청 및 신병교육대 분석 자료와 면담 과정을 통해 문제요인을 심층 깊게 분석해야 한다.
이렇게 분석된 문제요인 중 확인이 필요한 부분은 부모님께 안부 전화를 드리면서 사실 확인 및 추가적인 문제점을 분석하면 된다.

둘째, 문제점이 식별되면 이러한 문제 요인으로 인해 부대 생활 간 나타날 수 있는 부적응 원인과 예상사고 유형을 판단하여 도움용사, 배려용사, 그룹제외용사로 구분 한다.
옛날에는 보호 및 관심병사로 부르다 최근에는 도움용사, 배려용사, 그룹제외용사로 그룹을 만들어 관리하는 체계로 바뀌었다.
사고가 우려되는 병사는 도움용사이고, 사고 위험은 적지만 지병을 갖고 있거나 체력 저조하여 복무부적응 우려가 있는 병사는 배려용사로 관리 하는 것이다.

셋째, 도움이 필요한 용사는 간부와 선임병을 멘토를 선정하여 집중 관리 및 보호 체계를 구축해야 한다.
유의할 사항은 멘토 선정 시 성격과 취향이 비슷한 인원을 임명해야 한다.
게으른 신병에게는 게으른 선임병을, 운동을 못하는 인원에게는 운동을 못하는 선임병을 멘토로 지정해야 문제를 최소화 할 수 있다.
멘토를 잘못 지정해서 멘토의 잔소리, 언어폭력 때문에 군 생활을 포기하는 것을 많이 보아왔기 때문이다.

넷째 주 단위 분석-평가-조치를 실시하라.
관심을 갖고 보호해야 할 용사는 주단위로 분석하고 평가한 후 조치를 해야 한다.
주 단위 분석-평가-조치를 하라는 것은 최초 문제요인 해소 여부, 최초 문제요인으로 인해 나타나는 문제점, 병영생활 간 추가적으로 식별된 문제요인을 파악하여 예상되는 사고를 미연에 방지하라는 것이다.

전투원 관리에 실패하는 원인 중 하나는 최초 문제요인 보다는 현재 부대생활 적응 정도만 가지고 평가하고 조치하기 때문이다.
문제요인이 해소되지 않은 인원은 전역 시 까지 긴장의 끈을 놓지 말고 보호하여야 한다.
병영생활을 잘 적응하던 인원이 갑자기 자살 하거나 군무이탈을 하는 것은 문제요인이 해소되지 않은 인원을 현재 상태만 보고 도움용사에서 제외하고 다른 인원들과 똑같이 관리했기 때문이다.

병 상호간 음성적 서열을 없애라

건강한 사고와 신체를 가진 대다수 용사들은 군 생활을 통해 바람직한 생활태도와 도덕적 인격함양 및 극기와 절제, 자신감과 인내를 배워나가 우리 사회가 요구하는 진짜 사나이가 된다는 것을 대부분의 국민들이 인정하고 있다.

하지만 불행하게도 군에 적응하지 못하는 소수의 인원들은 군에서 악성사고를 일으키거나, 전역 후에도 사회에 적응하지 못하고, 2015년 예비군 훈련 간 총기를 난사해 동료 3명을 죽이고 자살한 인원처럼 심각한 사회문제가 되기도 한다.
군 복무 부적응 자를 단순히 군대 내에서 문제가 있어서 적응하지 못하고 각종 악성사고를 유발한다고 단정 지을 수는 없다고 본다.
그렇다고 개인적인 문제로 치부해 버리는 것은 분명 문제가 있다고 판단한다.

왜! 군 복무 부적응 자가 발생하는 것인가?
왜! 자살, 총기난사 등 악성사고가 끊이지 않고 일어나는가?
근본적인 문제는 무엇이며, 해결방안은 없는가? 깊이 고민해야 한다.

용사들의 세계는 선임병에게 주어지는 아주 작은 권한, 즉, 청소를 안 해도 되는 권한이나 누워서 TV를 볼 수 있는 권한 등이 "내가 조금만 견디면 편해진다."는 생각을 하게 됨으로써 이렇게 위계적인 병영생활이 유지되고 있는 것이다.

선임병 입장에서는 이제 편해질 계급이 되었는데 후임병들이 잘하지 못함으로써 그 일을 선임병 자신이 해야 된다는 것에 화가 나는 것이다. 이러한 선임병들의 보상심리가 기득권을 쉽게 포기하지 못함으로써 생기는 병폐라고 생각한다.

군의 각종 악성사고의 근본적인 문제는 우리군의 병영생활 속에 뿌리 깊게 박혀 있는 계급 및 호봉에 의한 병 상호간 음성적 서열이라고 본다.
이러한 음성적인 서열은 내리갈굼, 폭언·욕설, 구타·가혹행위 발생의 근본적인 원인이 되고 있다.
음성적 서열은 계급에 따라 "해야 할 일과 하지 말아야할 일"을 정해놓고 관행적으로 전수되어 오고 있으며, 각종 악·폐습 등 병영부조리의 발원지라고 할 수 있다.

자대 전입 후 군 생활에 부적응 하게 되는 이유 중의 하나가 서열에 의한 "해야 할 일과 하지 말아야 할 일"을 구분하지 못하거나, 잘못했을 때 선임병의 질책과 폭언·욕설이 가해짐으로써 생기게 된다.
즉, "병신 XX, 개념 없는 XX, 예의 없는 X" 등은 후임병이 해야 할 일을 잘 하지 못함으로써 선임병이 교육간 화가 나서 하는 말들이다.

이러한 교육은 후임병 관리의 총책을 맡고 있는 상병급이 이등병이 못하면 일병을 집합시켜 교육하고, 다시 일병은 이등병을 교육시키는 내리갈굼이 계속되는 원인이 여기에 있다.

군에서 수십년 간 이러한 병영부조리를 색출하기 위해 노력해도 왜 없어지지 않는 것일까? 문제는 뿌리를 잘라내지 못하기 때문이다.
병영생활의 구조적인 문제점인 계급 및 호봉에 의한 음성적 서열을 폐지하지 않으면 지금보다 더 심각한 상황을 맞을 수도 있다.

이러한 폐단을 막기 위해 병영생활 임무분담제를 시행하고 있고, 일부 부대에서는 3개월 단위로 전입동기 제도를 시행하고 있지만, 근본적인 원인을 제거하지 않는 한 병영부조리를 제거한다는 것은 어렵다고 전망한다.

앞에서 설명한 바와 같이 우리사회는 당연히 동생이 해야 하는 것, 한 살이라도 어린 후배가 해야 되는 것으로 알고 그렇게 행동해 왔기 때문에 전혀 문제의식을 못 느끼고 있는 것이다.

"이 나이에 내가 하리." 등으로 말하는 게 우리 사회 풍토이고 군의 풍토라고 본다.

이와 같은 인식을 바꾸고 병영 내 악·폐습을 유발하는 근본적인 원인이 되고 있는 병 상호간 음성적 서열을 척결하기 위해서는 다양한 방법을 통해 근절 시켜야 선진 병영생활이 정착된다고 본다.

이러한 음성적 서열 척결을 위해서는

첫째, 음성적 서열의 존재 여부를 파악해야 한다.

부대진단 시 "이등병은 ~을 못하게 한다."는 내용이 있으면 거의 음성적 서열이 존재한다고 보면 된다.

음성적 서열을 확인하는 방법은 여러 가지가 있지만, 비교적 정확하게 파악하기 위해서는용사들과 1주 만 함께 생활하면 바로 식별이 된다.

음성적 서열이 있는 부대는 아무리 교육하고 통제해도 일정기간이 지나서 설문을 받으면 동일한 내용의 악 · 폐습을 식별할 수 있다.

그러나 무조건 음성적 서열을 폐지하고, 하지 못하도록 교육하고 통제한다고 해서 없어지지는 않는다.

어떻게 보면 병영생활의 효율적인 운영을 위해 업무를 분장하는 측면도 있기 때문에, 이러한 사항을 잘 확인하여 시행하여야 음성적 서열을 근절 할 수 있다고 판단한다.

둘째, 계급 및 호봉에 따라 불리어 지고 있는 "꺽, 말, 말년" 등의 사용을 금지시키고 공공연히 사용하는 아들, 아기병사, 맞선임, 맞후임 등의 비속어 사용을 하지 않도록 하여야 한다.
이러한 비속어는 병 상호간 음성적 서열로 인해 생겨난 말들이기 때문이다.
부대별로 약간의 차이는 있으나 대부분 이등병은 아기병사(전입신병), 아들(말년용사의 신병호칭), 일병은 일꺽(일병 5호봉), 일말(일병 7호봉), 상병은 상꺽(상병 5호봉), 상말(상병 7호봉), 병장은 말년(전역전 3개월)으로 불리어 지고 있으며, 맞선임은1개월 선임을 말하고, 맞후임은 1개월 후임을 말한다.

셋째, 계급별 "해야 할 일과 하지 말아야할 일"을 정해서 하는 것을 못하도록 통제하여야 한다.
전투화 끈은 일병 5호봉 때까지는 앉아서 맬 수 없으며, 장기 · 바둑은 상병 때부터 가능하다는 등 병영생활의 기본적인 예절로 둔갑시켜 병사들 사이에서 암묵적인 교육이 행해지고 있다.
이러한 것들은 병 상호간 음성적 서열 때문에 생겨난 병영의 악·폐습으로써 반드시 척결되어야 할 사항이다.

넷째, 선임병이 더 많은 일을 할 수 있도록 군 조직 문화를 개선해야 한다. 즉, 병장이 더 많은 일을 할 수 있도록 군 조직문화를 완전히 바꾸어야 한다는 것이다.
예를 들면 쓰레기 담당, 물 당번 등 허드렛일을 일·이등병이 담당하는 관행을 깨뜨려 병장이 담당 하도록 하는 것이다.

조직생활을 하다보면 개인이 해야 할 업무가 있고, 조직 구성원중 담당

자를 선정하여 업무를 하는 방법이 효율적인 경우도 있다.
병영생활도 생활관별 보급품 수령, 총기현황 수정, 관물대 및 총기명찰 제작 등 개인보다는 담당자를 선정해서 하는 게 효과적인 업무들이 있다.

이러한 업무분장을 음성적 서열에 따라 자동적으로 인계·인수하던 관행을 없애고, 중대장에 의해 선임병 위주로 편성하되, 주기를 설정 순환시켜야 한다.

병 상호간 음성적 서열을 없애는 것은 정말 어려운 일이다.
우리나라의 문화 속에 깊이 뿌리 내려있는 서열문화를 바꾸는 문제이기 때문이다.
그러나 요즈음 젊은 세대들의 특성을 고려 시 결코 어려운 일은 아니다.
젊은 세대들이 거부하고 있는 서열문화가 군 입대 후 버젓이 살아 있고, 숨쉬기 어려울 정도로 눈치를 보아야 하는 군 생활에 대한 거부감이 크기 때문에 의지만 있다면 충분히 바꿀 수 있다.

사고예방을 위해 환경을 개선하고 복지를 증진 시키는 활동도 중요하지만 이러한 조치와 더불어 서열문화를 개선하는 것이 사고예방의 지름길이다.

병영 내 악습과 폐습을 근절 시켜라

군 조직의 특성은 개인 위주로 생활 해오던 인원들이 군에 입대한 후에는 개인 보다는 단체를 중요시하는 생활 패턴으로 전환됨에 따라 모든 것이 불합리하고 부자연스러우며 구속당하는 느낌을 갖게 됨으로써 쉽게 적응하지 못하는 특성을 갖고 있다.

이러한 군 조직의 특성은 청년기 특성과 결부되어 "반발심"을 일으키거나 "대충 시간만 때우자."라는 생각이 지배적이어서 적극적으로 임무를 수행하지 않으려 한다.
특히 소수의 인원은 군 생활에 적응하지 못하고 군무이탈 또는 자살 등의 극단적인 방법을 택할 수 있다는 환경의 특성을 갖고 있으며, 이와 같은 군 조직의 특성으로 인하여 병 상호간 악·폐습이 근절되지 않고 있다고 판단한다.
이러한 군의 특성으로 인해 병영 내 악·폐습을 완전하게 근절 하기는 어렵다고 본다.
근절 되었다고 생각하면 잡초처럼 다시 살아난다.
그래서 적어도 분기단위로 주기적으로 확인하고 이러한 것들을 근절시키기 위해 노력해야 한다.

부대에 악 · 폐습이 존재 한다고 볼 수 있는 것들은, 집합상태나 행동을 관찰해 보면 알 수 있다.
점호 또는 집합 시 분대건제가 아닌 서열 순으로 집합 하거나, 아침점호 시 이등병이 항상 먼저 나와 있는 부대는 악 · 폐습이 있다.

또한 이등병의 답변 소리가 클 때, 선임병은 누워있고 이등병은 정자세로 앉아 있을 때, TV 리모컨이 항상 선임병 손에 있을 때, 기상 시 선임병이 가장 늦게 일어날 때, 전입신병에게 적응기간을 준다는 명목으로 2주간 아무것도 못하게 하고 생활관 대기시킬 때, 계급별 두발 길이가 다를 때(상병 이상만 머리를 기를 수 있다), 청소 시 일·이등병 등 후임병 위주로 실시할 경우, 선임병들의 통제행위나 폭언·욕설 등이 식별되는 경우, 생활관 관물대를 분대건제가 아닌 서열 순으로 사용할 경우 등이다.
이러한 사항들이 식별되면 근본적인 문제점을 정확히 분석 후 과감하게 고쳐나가야 한다.
그리고 이등병이 소화불량을 호소할 때는 선임병의 갈굼으로 스트레스를 받았다고 생각해야 한다.

부대 분위기를 보면 악·폐습 여부를 알 수 있다.
교육훈련 간 간부고함 소리가 커지면 팀웍에 문제가 있다.
대부분 시간에 쫓길 때 간부들의 목소리가 높아진다.
과도한 업무가 부여 되거나, 스트레스가 해소 되지 않으면 용사들의 욕설이 많아진다. 이러한 것은 군기, 사기에 문제가 있다.
불평불만이 있으면 의사소통에 문제점이 있다. 지침이 상반될 때, 목적 주입 정신교육 부족이 문제다.
간부가 의욕이 없으면 상하 간에 갈등이 있다. 과도한 지시나 기대감 감소로 발생하는 현상이다.
불안해하면 근심걱정, 사고은폐 등 뭔가 숨기는 게 있다.
성과가 없다면 간부의 솔선수범, 감독, 확인소홀 등 중간부대의 지도에 문제가 있다.
전투력과 부대관리의 굴곡이 심하면, 사기저하, 적절한 휴식 미실시, 상벌

관계가 불명확하다는 것이다.
급격한 전투력, 부대분위기 저하는 지휘관(자)비도덕적 행위, 사고발생은닉 등의 문제가 있다.
부대전투력의 발전성이 지연되거나 둔화되면, 지휘관(자)무관심, 간부능력 부족이 원인이다.
부대주변이 어수선하고 정리가 안 되면, 지휘관 무관심, 감독소홀의 영향이다.
이러한 부대 분위기가 지속되면 악·폐습이 잡초처럼 다시 살아난다.

병영 내 악·폐습의 근본원인을 정확히 진단하여 조치해야 한다.
설문을 받아서 조치하고, 교육하면 악 · 폐습이 완전히 근절 된다고 생각하지 마라.
하지마라, 이렇게 하라 식의 교육도 중요하지만 왜 이러한 문제들이 발생했는지 근본 뿌리를 찾아 조치하는 것이 더 중요하다.

병장이 바뀌면 병영문화가 변화 된다

다음은 00GP에서 최고 선임병 2명이 소대를 변화 시켰던 사례이다.
과거 30년 전이나 현재나 용사들의 세계는 변화된 것이 별로 없다고 생각한다. 병영 환경이나 인식의 큰 변화 속에서도용사들은 서열에 의해 조직을 운영해 왔으며, 선임이 되면 편하게 군 생활을 하는 풍토는 여전히 병영문화 속에 그대로 남아 있다.
30년 전 병장 2명이 이러한 틀을 깨뜨리고 화목하고 단결된 부대를 만들어 가는 과정은 현재 우리 군이 본받아야 하는 사례이다.

『GP에서 동숙을 하면서 선임병(병장) 2명의 이해할 수 없는 행동 등을 보면서 최초에는 후임병들 군기 잡을 목적이 아닌가? 하여 유심히 관찰 하였다. 소대 최고선임인 병장 2명이 보여준 행동은 그때 당시의 병영문화를 볼 때 도저히 이해가 가지 않는 것 들이었다.

GP 단결활동을 할 수 있도록 중대장이 과자와 음료수를 갖고 GP를 방문 했는데 병장 2명이 자발적으로 일어나 노래하고 춤추는 모습을 보면서 후임병들의 표정을 보니 모두 즐거운 표정 이였다.

저녁점호 준비 시간에 화장실 청소를 병장 2명이 하고 있었고, 후임병들이 당황하자 병장 1명이 후임병에게 세면장 청소를 하라고 지시 하고 있었다.

아침점호 후 GP 옥상 탁구장 및 쓰레기를 병장 2명이 먼저 가서 청소하고 있었다.

이렇게 1개월 지난 후 다시 관찰해 보니 병장 2명과 후임병들이 청소를 같이 하고 있었다. 2개월 후에는 후임병들이 병장이 오기 전에 청소를 완료하는 모습을 보았다. 시간이 흘러 GP철수 후 중대체육대회 시 항상 꼴

찌만 하는 소대가 종합우승을 했다.
체육대회 시 화를 내거나 욕설을 하는 인원이 없었고, 경기에 패하여도 서로 격려하고 응원하는 모습들이 인상적 이었다.
또한 전투력 평가에서 최우수 소대로 평가를 받았다.
그동안 관찰결과를 토대로 병장 2명과 면담을 하던 중 놀라운 사실을 발견했다.
병장 2명은 같은 날 입대한 동기였다.
그때 당시에는 구타·가혹행위, 폭언들이 난무했던 시절이여서 이들은 선임병들에게 맞거나 혼나면 둘이서 서로 위로 하면서 많이 울었다고 한다.
첫 번째 휴가 때 둘이서 술 한 잔 하면서 울면서 약속 한 것이 "우리가 병장이 되면 지금 선임병들처럼 하지 말자."고 하면서 이등병 때부터 당했던 것들을 노트에 적기 시작 했다고 한다.
즉, 선임병들이 해서는 안 되는 것들을 기록한 것이다.
병장 진급을 하고 나서도 최고선임 때문에 실천하지 못하다가 GP투입 후 둘이서 소대 최고선임이 되어 하나하나 실천 하면서 후임 병장, 상병, 일병들을 설득해 나갔다고 한다.』

병장 2명의 노력으로 소대는 계급별 "해야 할 일과 하지 말아야 할 일"이 사라진 것이다.
특히 이등병들이 해야 할 일을 병장이 직접 함으로써 병영 내 악·폐습을 척결해 나간 것이다.
병장 2명이 궂은일을 앞장서서 함으로써 소대는 병 상호간 음성적 서열에 따라 "해야 할 일과 하지 말아야 할 일"이 없어졌으며 구타·가혹행위 및 폭언·욕설이 사라지는 가장 이상적인 병영생활의 모습을 갖추게 되었던 것이다.

그때 당시 일·이등병이 선임병들과 친근하게 지내는 모습들을 보고 일부 간부 및 인접소대 선임병들은 군기가 이완되었다고 말하였으나, GP철수 후 체육대회 우승, 종합전투력 측정 최우수 소대가 됨으로써 이러한 생각이 기우이었음이 밝혀 진 것이다.
그 당시 소대의 모범적인 병영생활의 모습은 중대 전체에 영향을 주었고, 중대가 변하는 계기가 되었다.
이 사례는 군 생활 중 병장이 바뀌면 병영 내 악습과 폐습이 사라지고 각종 악성사고를 예방할 수 있다는 것을 알게 해준 좋은 사례이다.

부적응 용사를 만들지 마라

우리는 현재 경쟁시대에 살고 있다.
남보다 못하면 뒤처지고, 소외감 때문에 우울해 하다 생을 포기하는 현상들은 사회전반에 걸쳐있는 심각한 사회문제이다.
현재 군 생활하고 있는 용사들도 마찬가지이다.
유치원 시절부터 "누가 누가 더 잘하나"에 길들여진 세대들이다.
학창시절부터 공부나 운동 등이 남보다 뒤떨어져서 소외감을 느끼고, 따돌림을 당한 경험이 있는 인원이 군에 들어와 또다시 소외감을 느낀다면 극도의 자괴감에 빠져 생을 포기하거나 현실에서 도피하려는 마음이 클 수밖에 없다는 것이다.

우리는 항상 잘하는 인원 위주로 모든 것을 풀어 나간다.
운동 또한 잘하는 인원을 선수로 선발하여 실시함으로써, 상대적으로 못하는 인원은 응원이나 경계근무를 전담하고 있다.
부적응 용사는 개인적인 문제를 안고 군 생활을 하면서 이러한 환경 속에서 문제가 더 악화 된다.
이러한 방식의 틀을 과감히 깨뜨리지 않으면 군복구 부적응 자를 잘 관리할 수 없다.
이렇게 우리 스스로 문제부하를 만들고 있지는 않는지 생각 해 보아야 한다.
우리가 문제부하를 만들고 있는 것들은 운동, 훈련 및 평가, 경연대회, 단체얼차려 등 수없이 많다.
여기서는 이러한 문제점들 중 몇 가지만 설명 하겠다.

첫째, 군에서 실시하는 체육활동 및 체육대회 시 운동을 못하는 인원은 소외되거나, 경기에 참여시 선임병들로부터 괴롭힘을 당한다.
따라서 잘하는 인원과 못하는 인원을 구분하여 실시하는 방안을 제시하고자 한다.

예를 들어 축구, 농구, 족구, 풋살, 탁구 등의 종목을 선정했다면 종목별 잘하는 팀과 못하는 팀을 나누어 체육대회를 하면 모두가 선수로 참여하는 체육대회가 될 수 있다.
현재 편성된 부대관리 주를 잘 활용한다면 시간상의 제한은 없을 것이다.

이러한 방법을 적용하면 체육활동간 발생하는 선임병들의 구타 · 가혹행위, 폭언 · 욕설 등이 현저히 줄게 되고 운동을 못해 소외감을 느끼던 용사들은 자신보다 더 못한 인원도 있다는 것에 자신감을 갖게 될 것이다.

또한 운동을 잘못하는 인원들을 선수로 편성 시 운동간 저절로 웃게 되고 운동에 재미를 붙여 평상시 연습을 하면서 체력단련까지 할 수 있는 일석이조의 좋은 방법이 될 것이다.

둘째, 단체 얼차려가 군복무 부적응 자를 만들고 있다.
군 생활을 경험한 사람은 선착순, 봉체조, 어깨동무하고 앉았다 일어서기 등 각종 단체 얼차려를 받은 경험이 있을 것이다.
유격훈련, 공수훈련 등 전체가 호흡을 맞추지 않으면 생명을 잃을 수 있는 경우를 제외하고는 군에서 소속감 및 전우애 고취, 단결이라는 명목 하에 한사람이 잘못했을 때 전체를 대상으로 시행하고 있는 단체 얼차려를 없애야 한다.

현재 대부분의 부대가 단체 얼차려 보다는 개인에게 책임을 묻고 있지만, 최근 전역한 예비역 중 80%가 한사람의 잘못으로 단체 얼차려를 받은 적이 있다고 말하고 있다.
점호시나 교육훈련 시 한사람만 잘못해도 단체 얼차려를 실시하고 있는데, 간부들 스스로 해당 용사를 고문관으로 만들고, 복무 부적응 자를 한사람 더 만들고 있다는 것을 알아야 한다.
이제는 사회변화에 맞게 개인의 잘못은 개인에게 책임을 물어야 한다. 단체 얼차려가 부대 단합을 위해 때론 필요하지만 병영생활 간 한두 사람의 잘못을 전체에게 책임을 묻는 관행은 없어져야 한다.

셋째, 문제가 있는 용사를 복무부적응자로 낙인 시키는 간부들의 태도이다. 너 훈련 안 받으려고 꾀병 부리는 거지, 사고 칠 수 있으니까 감시 잘하고, 절대 건드리지 마라는 식으로 대놓고 무시하고 따돌림을 시키는 간부들의 인식이 바뀌어야 한다.
문제점이 발견되면 큰 틀 속에서 문제부하의 고민을 파악하고 그들의 욕구를 정확히 진단하여 조치하여야 하는데, 이러한 문제점을 바꾸려고 훈계만 하거나, 사고가 발생 할까봐 감시만 한다는 것이다.

가장 중요한 것은 긍정적인 방향으로 문제 행동을 보아야 한다는 것이다. 관심용사가 요구하는 것이 말도 안 되는 것이라도 들어주고, 상대방의 관점에서 바라보면서 조치해 주려는 마음이 중요하다.
감시보다는 비공식적인 만남의 기회 등을 마련하여 그들의 아픈 마음을 치료해 주려고 노력해야 한다.
상대가 원하는 것을 받기 전에 먼저 주는 따뜻한 배려가 필요하다.

면담일지 작성 및 활용 이렇게 하라

면담일지는 군 입대 후부터 전역 시 까지 한 용사의 일거수 일투족을 담은 개인의 역사 자료이다.
군 입대 후 어떠한 변화가 있었으며, 어떤 생각을 갖고 어떻게 행동 했는지를 말해 준다.
또한 부적응 용사를 실시간 추적 관리하는 시스템으로 활용하고 있다.
그러나 현실은 불필요한 행정으로만 생각하여 기록을 소홀히 하거나 실시간 기록보다는 검열이 있을시 한꺼번에 기록하는 우를 범하고 있다.
더욱 큰 문제는 대대장, 중대장, 대대주임원사, 중대행정보급관 등이 부적응용사 관련 면담철을 별도로 유지하면서, 각자 기록
하는 이원화 관리로 정작 용사들을 직접 관리하는 소대장은 다른 사람들이 면담하고 조치한 사실을 잘 모르고 있다는 것이다.

현재 군에서는 분기, 월단위로 제대별 병력결산을 실시하고 있다. 이때 별도의 양식을 이용 면담 및 조치 결과를 보고하는 등 이원화 관리로 행정소요 증가 및 개인 신상 노출이 우려 되고 있다.
이렇게 하는 이유는 면담일지 작성을 형식적으로 하다 보니 활용하기가 어렵다는 이유도 있다.

이러한 면담일지의 제한사항을 해결하기 위해 최초 전입 시부터 면담일지를 어떻게 작성 하는지 알아보겠다.
부대별 차이는 있지만 최초 전입 시 연대행정업무체계에 있는 면담일지 작성 순서는 대대주임원사 - 중대행정보급관 - 중대장 - 소대장 - 대대장

순이다.
직책별 면담결과를 근거로 문제요인을 식별하여 이러한 문제요인으로 인해 부대생활 간 나타날 수 있는 부적응 요인과 예상사고유형을 판단 후 최종적으로 대대장 주관 병력결산을 통해 관리그룹을 결정 후 멘토(mentor)를 임명해야 한다.
그러나 면담기록을 보면 OO교육을 시켰다는 등 불필요한 내용과 상호 중복된 내용이 많다.
또한 면담 시 이미 식별된 사항을 계속 질문하는 우를 범하지 않도록 유의해야 한다. 전입신병 입장에서는 부모가 이혼한 이유를 대대주임원사를 포함하여 5~6명에게 계속 설명해야 하는 고통이 따른다는 것이다.
여기서는 면담일지의 작성절차와 면담일지를 통해 병력관리의 일원화된 관리시스템을 만드는 방법을 제시하고자 한다.

첫째, 대대주임원사는 병무청 복무적합도 검사결과를 보고 자살예측 및 위험, 우울증, 스트레스 척도를 확인하고,
신병교육대 군 생활 적응도검사를 보고 복무부적응, 자살예측 및 위험, 자살우려 등을 확인 하면서 문제가 되는 세부 특수척도를 자세히 확인하여 기록하여야 한다.
또한 신병교육대 면담 결과를 확인 특이한 사항이 있으면 전화해서 확인하여야 한다.
그리고 나의 성장기 작성 자료 등 개인이 작성한 자료를 정밀하게 분석하여 문제점을 도출한 후 면담을 실시하여 문제요인 위주로 기록 하여야 한다.

연대행정업무체계의 병 신상관리 란에 대대 주임원사 면담 결과를 기록하는 방법은,

① 문제요인

1. 병무청 복무적합도 검사결과 : 적합
2. 신병교육대 군 생활 적응도 검사결과 : 내성적 성격으로 군 복무 부적응 우려
3. 가정환경 평가 : 모친 허리디스크로 수술로 걱정을 많이 하고 있음.
4. 어려서부터 아토피성 피부염으로 고생, 현재 약 복용 중
5. 3년 사귄 여자 친구와 결혼을 생각하고 있음

② 면담결과 내성적이긴 하지만, 군 생활을 잘하겠다는 의지가 강함.

③ 신병교육대 통화결과 내성적이지만 동료들과 잘 지냈으며, 사격에 대한 불안감이 크다고 함.

둘째, 대대장 신고 후 중대 전입신병은 중대 행정보급관이 면담 후 중대장 신고를 한다. 면담 시 대대 주임원사가 기록하지 않은 사항을 식별하여 중복되지 않게 기록 한다.

① 문제요인

1. 부친이 실직하여 생활 곤란에 대한 걱정이 큼
2. 중학교 1학년 때 친구들에게 따돌림 당한 경험이 있음
3. 여자 친구와는 절대 헤어질 수 없다고 함

② 면달결과 선임병과의 관계에 대해 불안감을 갖고 있음

③ 어머니와 통화 : 아토피성 피부염 약 복용 여부 및 여자 친구를 알고 있다고 함. (아들과 통화하도록 조치)

④ 중대장 신고 후 중대장, 소대장, 행정보급관 사진촬영 후 소대 밴드에 올리고 밴드에 모친 가입 요청함

셋째, 중대장은 대대 주임원사나 행정 보급관의 면담 결과와 추가사항을

확인하여 문제요인으로 인해 발생 가능한 예상사고 유형을 기록 한다.

① 문제요인 및 예상사고 유형

1. 부친실직, 모친 허리디스크 수술 등 가정에 대한 걱정으로 군무이탈 가능
2. 아토피성 피부염으로 훈련에 대한 부담이 커 복무 부적응 및 군무 이탈 가능
3. 여자 친구와 헤어질 시 자살우려
4. 내성적이며 소극적인 성격으로 군 생활에 대한 불안감이 커서 군무 이탈 우려

② 추가확인 : 중학교 3학년 때 3일간 가출한 경험이 있음

넷째, 소대장은 소대에 보직된 인원을 면담 시 이미 식별된 문제점 외 추가사항이 있을시 기록한다.

① 문제요인

1. 현재까지 식별된 문제요인은 동일함
2. 소대원에게 자신을 소개하면서 어눌한 행동을 보임
3. 상당히 소심한 성격을 갖고 있고, 눈치를 많이 보면서 불안해 함

② 1분대 소총수로 보직을 부여함

다섯째, 대대장은 전입 1~2주가 지나면 대대장, 중대장, 대대주임원사, 중대 행정보급관과 병력결산을 하면서 문제요인을 종합하고 예상사고유형을 판단 후 도움용사, 배려용사, 그룹제외용사로 그룹을 지정하고 도움용사및 배려 용사는 간부와 병 멘토를 선정하여 관리체계를 구축한다.

① 문제요인 및 예상사고 유형

1. 가정환경(부친실직, 모친 허리디스크 수술)으로 군무이탈 가능

2. 아토피성 피부염으로 복무부적응 및 군무이탈 가능
3. 여자친구(일편단심)와 헤어질시 자살우려
4. 학창시절 따돌림 경험이 있어 따돌림 당할시 자살우려
5. 내성적, 소극적 성격으로 복무 부적응 및 군무이탈우려

② 관리그룹 : 도움용사

③ 멘토 임명 : 간부(중대행정보급관), 병(상병 OOO)

면담과 면담결과 기록은 상호 중복되지 않게 하는 것이 중요하다.
이렇게 해야 파악이 안 된 사항을 추가적으로 식별 할 수 있고, 전입신병에게도 면담 간 부담이나 고통을 최소화 시킬 수 있다.

이렇게 문제요인이 많은 인원은 24시간 보고 체계를 유지해야 한다.
특히 멘토로 임명된 중대행정보급관은 멘토 용사를 통해 일일단위 관찰결과를 보고 받고 주 1회 병 신상관리 사항에 관찰 및 면담 결과를 기록 유지해야 한다.
중대장은 주 1회 병 신상관리 토의를 통해 추가 식별된 문제 요인을 기록한다.
예) 어눌한 행동으로 선임병 질책이 많아 선임병 별도 교육
혼자 있는 시간이 많고 담배를 많이 피움.
대대장은 월 1회 병 신상관리 토의를 통해 추가 식별된 문제요인을 확인하여 조치하고 최초 문제요인 중 해소가 된 사항을 확인하여야 한다.

- 문제요인 해소 : 가정환경 해소(부친 재취업, 모친 허리디스크수술)
- 현 문제 요인
  1. 아토피성 피부염 2. 여자친구 3. 학창시절 따돌림경험
  4. 내성적, 소극적 성격 5. 어눌한 행동에 따른 선임병 질책

이렇게 연대 통합행정업무체계의 병 신상관리에 진료, 면회, 여자 친구 편지 등 모든 사항이 기록되어야 용사를 직접 관리하는 소대장이 볼 수 있고, 부적응용사에 대한 정보를 공유하여 관리의 허점을 미리 막을 수 있다. 또한 중대 · 대대 · 연대 병 신상관리 토의 시에도 별도의 문서를 만들지 말고 기존 병영생활지도 기록부에 면담일지를 출력하여 보고하여야 한다.
면담일지 작성의 근본목적은 문제요인을 정확히 파악하여 추적관리 시스템을 갖추는데 있다.

또한, 부적응 행동을 관찰하면 면담 전 면담일지를 확인 어떤 문제요인과 연관되어 있는지를 확인 후 면담해야 한다.
본인은 어머니가 아파서 고민하고 있는데, 중대장은 아무것도 모르고 "여자 친구와 헤어 졌어, 고민 있으면 말해봐" 라고 한다면 나에게 관심도 없는 중대장에게 누가 진심을 말하려 하겠는가?
휴가 전에도 면담일지를 보고 관련사항에 대해 관심을 갖고 말해야 한다. 어머니가 돌아가신 용사에게 휴가 가서 "어머님 말씀 잘 들어라"라고 말하는 실수를 해서는 안 된다.

개인적인 문제로 치부하지 마라

한 용사가 울면서 들려준 이야기는 충격적인 것 보다 이러한 현실이 안타깝고 슬프기만 하다.
왜? 바뀌지 못하는지, 이러한 환경을 바꾸기 위해 얼마나 고민 하고 노력하고 있는지 우리스스로에게 묻고 싶다.

한 용사의 눈물이 가슴을 아프게 한 사례는,
『나는 올해 22살 먹은 약간 모자란 군인(일병)입니다. "고문관, 문제아, 복무부적응 자, 관심병사"가 제 이름입니다.
이런 저는 걱정과 애정 어린 눈빛 보다는 24시간 감시의 매서운 눈초리 속에서 살고 있습니다.
어려서부터 굼뜨고, 쉽게 포기하는 나약한 성격 때문에 집에서도, 학교에서도 항상 욕먹고 왕따 당하면서 살아 왔습니다.
역시 군에서도 저라는 인간은 쓸모가 없는 것 같습니다.
어제도 오늘도 "쓰레기 같은 XX, 병신 같은 XX"라고 이리 저리 불러 다니며 욕먹는 게 제 일과입니다.
우리 중대의 잘못은 나부터 시작 됩니다.
"너 때문에 왜! 우리가 욕먹어야 하냐.", "저 XX만 없으면 되는데.", 잘 하려고 하는데 자꾸 실수만 반복 합니다.
저도 이러는 내가 정말 싫습니다.
나는 몸도 마음도 썩어서 냄새가 나는 가 봅니다.
내 옆에는 아무도 오지 않고 말도 붙여오는 사람이 없습니다(감시만 할뿐).
후임병들도 1주 만 지나면 선임병들 지시로 나를 멀리 합니다. 접근하면

피합니다. 그래서 항상 혼자이고 외롭습니다.
나처럼 못난 놈 사랑해 주면 안 되나요?

간부님들, 선·후임병중 한 사람 이라도 따뜻하게 안아주는 사람이 있었으면, 내 말을 들어주고, 나를 이해해 주는, 내가 실수해도 용서해주는 사람이 있었으면, 질책 보다는 칭찬을 한번 들어 보고 싶다. 칭찬을 들어본지 오래다. 내가 문제가 있지만 한번만 이라도 나를 보고 미소 짓는 얼굴이 보고 싶다.』

위 사례는 현 병영생활의 현실을 잘 말해 주고 있으며, 용사가 남긴 글 속에 복무 부적응 용사가 겪는 고통과 애환이 그대로 반영되어 있다.
이 용사와 상담을 하면서 새로운 사실 하나를 발견하였다.
즉, 군에서 친하거나 대화를 하는 사람이 누구인지를 묻자 인접 중대 관심 용사들 이었다.
통합막사에 생활하는 이들은 생활관이 답답해 나오면 다 모여 있고, 누가 먼저라 할 것 없이 흡연을 하면서 마음속에 있는 답답함을 토로하는 경우가 많다는 것이다.
군에서 유일하게 말이 통하는 인원들이 바로 인접중대 관심용사 들 이었다는 사실을 알게 되었다.

군 생활시 때론 없었으면 하는 사람도 있다.
이런 생각을 바꾸어 소중하다고 생각하면 모든 게 좋아 보인다는 것을 알아야 한다.
문제는 인성뿐만이 아니라 환경이 부적응자를 만들 수 있다는 생각을 갖는 게 중요하다.
관심용사들은 자신을 정말 인정해 주는 사람이 한 사람만 있다면 그들의 자살 유혹을 많이 바꾸게 할 수 있다고 생각한다.

자살, 군무이탈사고 발생 부대를 조사해보면 대부분 이런 환경이다. 간부, 선임병들의 폭언·욕설, 질책이 많고, 사고자를 좋아하는 사람이 한 사람도 없다는 것이다.
밀착감시만 했지 따뜻하게 안아주는 사람이 없고, 부대환경보다는 개인적인 문제로 치부해버리는 것이 가장 큰 취약점이다.
즉, 우리는 할 만큼 했는데 스스로 극복하지 못한 것이라고 개인적인 문제라고 인식하는 것은 잘못된 생각이다.

문제점을 바꾸려고만 하지 말고 문제부하의 욕구를 정확히 진단하고 조치하는 것이 중요하다.
상대방의 관점에서 바라보면 답이 쉽다.
나를 정말 사랑해주는 사람이 한 사람만 있다면 삶을 절대포기 하지 않는다.

착각이 실패를 부른다

우리는 긍정적으로 착각 하거나, 부정적인 착각 속에서 살아가고 있다.
이러한 착각이 행복을 줄 수도 있지만, 불행을 주기도 한다.
그러다보니 우리는 착각을 정당화하고 합리화 하려고 노력하고 있다는 것이다.

군 생활을 하면서 착각은 실패를 불러온다.
이정도 하면 이상 없겠지, 이만하면 되지 하는 착각에 빠져서는 안 된다.
군에서 대부분의 악성사고는 착각 때문에 발생한다.
"교육했으니 이상 없겠지", "다들 잘 알고 있는데"라고 방심 했을 때 사고가 발생한다.
"내가 밥 사주고 술까지 사주었는데, 내가 그렇게 까지 이야기 했는데, 내가 정말 잘 보살펴주었는데"라고 생각하는 순간 죽거나 군무이탈을 한다는 것이다.

사고 없이 100일이 지나면 아무런 문제가 없는 것처럼 브이 지만, 그러나 100일을 지내오면서 날마다 늘 문제는 있었다는 것을 알아야한다.
사격장에서 안전고리까지 했는데 이상 없겠지, 방호벽을 높게 했는데 유탄이 발생하지 않겠지, 탄피 회수기를 설치했으니 도비탄은 없겠지, 음주운전하지 말라고 했으니 안 하겠지 라는 착각을 해서는 안 된다.

남녀 관계에서도 "내가 옷도 사주고 화장품도 사주고 잘해 주었으니까, 나를 좋아 할 거야"라는 생각이 성폭력, 성추행 사고를 유발시킨다.

이렇게 상대방이 아닌 나 위주로 생각하는 것이 착각이다.

비행기 조종사가 비행 전 체크리스트를 보고 하나하나 체크 하듯이 문제의식을 갖고 한 면만 보지 말고 360도 모든 면을 살펴보는 세심함이 필요하다.

통상 본인이 뛰어나다고 생각하는 간부가 착각에 많이 빠진다.
본인은 완벽하게 빈틈없이 조치를 다했다고 생각하지만, 완벽함 속에도 문제는 항상 있다는 것을 알아야 한다.
소대원들한테 회식시켜주고, 잘해주었다고 다 내 사람은 아니다.
착각하지마라.
착각은 만족을 낳고, 만족은 자만심을 불러오고, 자만심은 실패를 가져온다는 사실을 항상 기억하라.

자살사고 예방 할 수 있다

군에서의 자살은 항상 사회적인 문제로 대두되면서, 전 국민의 큰 관심사가 될 수밖에 없다.
소중하고 귀중한 아들을 국가를 위해 군에 잠시 맡겨 놓은 부모의 입장에서는 원망과 배신감을 느낄 수밖에 없다.
내 자식, 내 형제가 군 생활을 견디지 못하고 자살했다고 생각해보면 답은 명확하다.

자살사고가 발생하면 지휘관(자) 및 관련 간부들, 선임병들의 잘 잘못을 조사하여 구속 등 엄하게 처벌한다.
이러한 처벌 때문인지, 아니면 책임감을 모면하기 위해서인지는 모르나 간부들 대다수는 자살원인을 개인문제로 치부하려는 경향이 있다.

국가인권위원회에서 실시하고 있는 "군 복무 부적응 자 인권상황 및 관리에 대한 실태조사"에서 간부들이 인식하는 용사들의 군복무 부적응 원인이 개인성격 문제, 비자발적 입대, 가정문제 등으로 높게 나타났다.
이와 같이 간부들은 용사들의 부적응 원인을 선임병과의 갈등 이 나 비합리적인 군대문화 등의 군대내의 구조적인 문제보다는 개인적인 요인에 더 큰 비중을 두고 있음을 알 수 있다.
국가 인권위원회의 조사결과를 보면 간부들의 67.3%가 부적응 병사의 문제는 개인문제 때문이라고 인식하는 반면, 용사들의 63.1%가 군대문제 때문이라고 제시하였다.
이러한 시각차가 결국 간부와 용사들 간의 소통브재 현상을 불러와 자살 등 각종 악성사고를 미연에 방지 못하는 결과를 초래 할 수 있다고 본다. 이러한 시각차가 클수록 병영 내 각종 악성사고 예방은 어렵다는 것을 알아야 한다.

그렇다면 자살사고 예방을 어떻게 할 것인가?

먼저 자살우려 자를 식별하는 것이 중요하다.

장병들에게 자살 징후에 대해 주1회 주기적으로 교육하고, 자살 징후 식별 시 즉시 보고되도록 의사소통체계를 구축해야 한다.

즉, 상향식 일일결산, 분대장 관찰보고, 계층별 간담회를 실질적 으로 시행하고, 전화 또는 E-Mail 등을 이용 쉽게 지휘관(자) 에게 보고하도록 하여야 한다.

자살우려 자를 적극적으로 찾아 나서야 한다. 자살우려 자를 식별하기 위해서는 훈련장, 근무지, 경계초소, 생활관 등에서 관찰과 진솔한 대화가 필요하다.

화장실, 창고 등 구석진 곳에 고충 처리함을 설치하고 1일 1회 이상 직접 확인해야 한다. 용사들이 보는 시간에 확인하면 더 효과적 이다.

자살 징후 발견을 위해 월1회 주기적으로 설문을 받고, 부대 내 왕따 용사와 복무부적응 자, 업무로 인해 욕을 많이 먹은 자 중 에서 자살우려 자를 식별토록 해야 한다.

또한 우울증 자가진단 시 세부항목에 관심을 가져야 한다.

점수결과만 놓고 판단해서는 안 되며, 세부항목 중 점수가 높은 내용에 관심을 가져야 관심을 소홀히 했던 용사가 자살하는 것을 막을 수 있다

자살 징후를 심각하게 받아 들여라. 자살징후에 대해서는 자살우려 자를 포함하여 전 장병에 대한 많은 교육이 필요하다.
교육해야 “아! 이러다 내가 자살 할 수 있겠구나”라고 인지하여 상담을 요청할 수 있고, 주변동료들도 작은 행동, 말 한마디를 흘려버리지 않고 보고 할 수 있다.

자살징후의 식별 및 신속한 보고를 위해 가장 중요한 것은 지휘관(자) 및 간부에 대한 용사들의 신뢰도 이다.
자살징후를 발견하면 우선 즉각 조치해야 할 사항을 조치하라.
자살 징후가 식별되면 최소한 대대장급까지 즉각 보고하고, 부모에게 알려야 한다.
그리고 자살 우려자의 절친한 동료나 책임감이 강한 간부에게 밀착 감시 임무를 부여해야 한다.
관찰자로 임명받은 자는 화장실까지 함께 가는 등 절대 혼자 있게 해서는 안 된다.
끈, 약, 탄약 등 자살할 수 있는 도구를 모두 치우고, 창고와 보일러실 Key 관리를 잘 하여 사전에 자살 장소를 차단하는 것도 중요하다.
또한 고속도로 휴게소 화장실 문고리처럼, 화장실 내부 문고리에 줄을 매달 수 없도록 조치해야 한다.
그리고 전문상담관, 군종장교, 군의관에게 신속히 도움을 요청 하거나, 우울증 자가진단 후 병원진료 및 치료를 받도록 조치해야 한다.

장기적인 보호 대책을 강구하라. 주기적인 면담을 통해 혼자가 아니라는 것을 자주 인식시키고, 부모 · 애인 · 친구들과 연계 하여 관리는 방안도 필요하다.
휴가기간 동안 E-mail, 전화 등을 통해 상담을 지속해야 한다.
우울증 환자를 군병원에 보내 정신과 진료를 받는 것은 부모 동의가 없어도 된다.
단 정신과에 입원치료 시는 동의가 필요하다.
그러나 이러한 인원은 최초부터 부모와 연계하여 관리하는 것이 최상의 방법이며, 부모를 설득하여 안심시키는 것이 중요하다.
그래도 문제가 해결되지 않고 오히려 악화되면, 사회에 나가서 치료를 받을 수 있도록 현역복무부적합 처리를 해야 한다.

우울증 환자에게 관심을 가져라. 우울증은 기분이 고장난 병이다. 즉, 생각이 우울을 만든다는 것이다.
우울증 환자는 '인지왜곡'을 갖고 있다. 즉, 내가 생각하고 있는 것이 정신적인 문제를 유발한다는 것이다.
우리나라 성인 20명중 1명은 평생 한번이상 우울증 때문에 거의 하루 종일 2주 이상 일상생활을 못하는 주요 우울장애를 앓고 있다고 한다.
학습된 무기력이 있는 사람이 우울증이 많이 오고, 관계경험이나 분노의 내면변화가 우울증 원인이 될 수 있다.

우울 80% + 충동 20%가 자살 위험이 가장 크다고 한다.
또한 우울한 기분은 아침에 가장 심하다.
즉, 포유류의 뇌인 감정이 아침에 작동하기 때문에, 아침에 자살이 많다는 것이다.
인간의 뇌는 3층으로 되어 있는데 파충류의 뇌는 생명, 포유류의 뇌는 감정, 인간의 뇌는 이성이라고 한다.

포유류 뇌와 인간의 뇌에서 문제가 생기면 정신질환이라고 보는 것이다.
우울증 환자는 인지 3제라고 자신, 환경, 미래에 대해 부정적 시선을 갖게 되고 두통, 소화불량, 관절통의 신체증상을 호소하게 된다.
따라서 소화가 안 되거나, 허리나 무릎관절이 아프다고 호소할 때 관심을 가져야 한다.
군의관이 경미하다고 진단한 환자 중 계속 고통을 호소할 때는 우울증을 의심하고 조치해야 한다.
우울증 환자는 두통, 허리나 무릎 통증, 배가 아픈 고통이 평상시 보다 50% 이상 배가되어 훨씬 더 아프게 느낀다고 한다.
이러한 환자는 외과만 보내지 말고 정신과 진료도 병행해야 한다.

자살사고 예방활동 시 범하기 쉬운 오류에 유의하라.

자살우려 자를 관리 하면서 가장 흔하게 범하는 실수는 자살 우려자로 분류 후 약간만 적응하면 자살의 문제요인이 해소가 되지 않았는데도 관심을 소홀히 하거나, 멘토를 임명하고 가끔 면담 및 격려만 해주면 조치가 끝났다고 안일하게 생각하는 것이 문제다.

우울증 증세가 있는데 전문상담관에게 상담을 요청하지 않거나, 정신과 진료를 실시하지 않고 간부들이 면담하고 감시만 하는 조치를 하는 것이 또 하나의 문제다.
간부가 직접 우울증 환자를 계속 상담한다는 것은 불가능하고 비효율적이다.
간부는 용사들이 가진 어려움이 무엇인지 발견하고, 신뢰감 있는 면담을 통해 어떤 도움이 필요한지 판단하여 전문상담관의 상담 과 정신과 진료 등의 조치를 하면 된다.

자살징후를 발견해도 절대 죽지 않을 거라고 자기 기준으로 생각하여 보고하지 않는 경우, 용사의 외모와 가정환경을 기준으로 자살할 용사가 아니라고 단정 지어, "죽고 싶다"라는 말을 들어도"나도 그런 생각을 수없이 했는데"라고 대수롭지 않게 생각하는 것이 자살을 막지 못하는 원인 중의 하나다.

또한 당직근무자가 관심용사를 미인지하고 있어 일과 후 및 휴일에 관리가 단절되어 자살을 막지 못하는 원인이 되기도 한다.

자살위기를 잘 넘길 수 있도록 도와주어라. 자살우려 자가 자살위기를 잘 넘길 수 있도록 피부에 와 닿는 교육을 하는 등 신뢰성 있는 의사소통이 필요하다.
진심어린 마음으로 함께 울어주고, 때론 함께 분노하면서 고통을 함께 나누어야 한다.

죽고 싶고 모든 걸 포기하고 싶을 때, 내 부모 때문이라면 내 아들에게만은 현재 나의 고통을 받게 하지 않겠다. 라고 스스로에게 약속하게 만들어야 한다.

부친 실직, 부도 등으로 집안이 어려울 때, 더 큰 고통을 받고 있는 사람은 부모님이다. 부모에게 용기와 희망을 줄 수 있는 사람은 오직 아들, 당신뿐이라는 사실을 알려 주어야 한다.

모든 것을 바쳐 사랑한 여자의 배신으로 고통스러워 할 때, 진정으로 사랑했다면 증오보다는 여자의 행복을 바라는 마음을 갖도록 하는 것이 중요하다.
오히려 아픔을 준 여자에게 2번의 실패가 없도록 해주어 고맙게 생각하도록 하라.

상급자의 폭언, 구타로 힘들 때 90평생 그 사람과 함께 할 날 은 고작 1~2년, 소중한 사람과 같이 할 날은 70년 이상 이라는 사실을 깨닫게 해주어야 한다.

특히 혼자가 아니라는 것을 깨닫게 해주어야 한다.
내가 죽어 화장터에 들어갈 때 통곡하는 인원이 몇 명이나 될 것 인지 물어보아라. 20명이라면 나를 소중하게 생각하는 인원이 20명이나 된다는 사실을 주지시켜야 한다.

장애인이나 불우아동시설의 봉사활동 등을 통해 나보다 더 나쁜 조건의 사람들도 행복하게 사는 모습을 보여 주는 것 도 좋은 방법이다.

부대가 바쁠수록 관심용사를 자주 만나야 한다. 정신없이 바쁘다고 생각될 때 항상 사고가 발생한다.
아무리 바쁘고 힘들어도 얼굴한번 보고 손 한번 만져주며 격려 하는 것을 절대 잊지 말아야 한다.

후속조치를 잘 하라. 자살사고가 발생하면 현장 보존을 잘 해야 한다.
완전히 사망했다고 판단되면 수사관이 올 때까지 경계병을 배치하여 현장을 보존하고, 아직 살아있다고 판단되면 응급처치 를 실시 후 후송 시켜야 한다.

이때 유의 사항은 응급처치 장면 등을 휴대폰을 이용 사진이나 동영상을 촬영해야 한다.
응급처치 간 누른 부분이 사후에 멍 자국으로 남아 가족들이 의문사를 제기 할 수 있기 때문에 이러한 오해가 발생되지 않도록 대비해야 한다.

사고가 발생하면 군의관 및 구급차 출동요청을 가장 먼저 하고, 지휘관에게 보고하면서, 상급부대 및 헌병대에 보고해야 한다.

중대장은 면담일지를 출력해서 병영생활 지도기록부 철하여 3~4부를 복사해서 보관하라.
원본은 헌병대, 사본은 대대장, 중대장, 지휘통제실, 소대장이 휴대하여 대응할 수 있도록 해야 한다.

사고가 발생하면 당황하지 말고 침착하게 행동하라.
최초 발견자 및 당직근무자, 소대장의 초동조치가 가장 중요하다.

현장중심의 사고예방 시스템을 구축하라

현 사고예방 시스템에 대한 문제점을 지적 하고 싶다.
각종 사고예방 계획을 수립하고 매뉴얼을 만들면 사고가 저절로 예방된다고 생각하는 자체가 문제다.
착각하지마라, 사고예방 매뉴얼 때문에 사고가 발생하지 않는 것이 아니라는 것이다.
많은 자료들을 모아 보고서를 만들면 모든 것이 다 해결되고, 모두가 그렇게 움직인다고 생각하는 자체가 문제이다.

참모들은 사고예방 계획을 수립하여 보고 후 하달하면 임무 완료, 지휘관은 병사들을 집합시켜 교육하고 강조하면 할 바를 다한 것처럼 생각하는 현재의 사고예방 시스템에는 분명히 문제 가 있다.

아무리 강조해도 최 일선에서 사고예방 활동을 직접하고 있는 지휘관(자) 및 간부들이 느끼는 체감은 크지 않다.
따라서 사무실에 앉아서 보고서 만들기에 급급 하는 참모를 단들지 말고, 현장으로 내보내 취약요인을 확인하고 조치하는 현장중심의 사고예방시스템이 중요하다.
부대 훈련준비 등으로 정신없이 바쁠 때 인사과장, 주임원사를 활용 현장에서 중·소대장·부소대장 등을 직접 지도하면서 문제점을 조치하는 게 필요하다.

지휘관 주도하 훈련계획 토의 및 지형정찰시 안전을 책임지고 있는 인사, 군수, 주임원사 등 안전통제요원을 참석 시키지 않는 것은 잘못된 것이다.

이렇게 하다 보니 전술훈련 간 도로상 차량통제가 전부이다.
시간대별 정말 위험한곳에는 안전통제관을 미운용하고 있다.
실제 교통사고가 발생한곳에 가보면 취약요인이 많은데 안전 통제요원이 없는 경우가 대부분이다.

지휘관 주도하 훈련계획 토의 시 안전책임 및 통제요원들을 반드시 참석시켜 기동계획을 알고 안전통제를 할 수 있도록 해야 한다. 또한 지형정찰 시 안전통제요원들은 사태계획 및 기동계획을 보고 전 훈련지역을 차량 및 도보답사를 통해 위험지역을 확인한 후 전 장병 및 운전병, 선탑자 등을 교육시켜야 한다.
안전통제요원들의 훈련준비는 바로 이러한 것이다.
이렇게 정성어린 노력 없이는 사고를 예방할 수 없다.

사고발생 후 훈련중지, 또는 사고조사로 1개월 이상 아무것도 할 수 없는 상황에 비하면 훈련 전 2~3일의 투자는 반드시 필요하다.
특히 지휘관을 포함 부대가 정신없이 바쁠 때 취약요인을 체크 하는 시스템을 갖추어라.
군의 악성사고, 대형사고 속에는 훈련준비 등으로 정신없이 바쁜 부대 일정이 있었다는 것을 잊지 마라.
과거부터 행동화 실천을 강조하고 있지만, 계획하고 검토하는데 급급 하는 현 시스템은 행동화를 할 수 없음을 알고 과감하게 시스템을 개선할 필요가 있다.

수사관 입장에서 부대를 진단하라

사고 발생 후 헌병대 수사관이 사고원인을 조사하다 보면, 간부가 모르는 문제점들이 많이 나타난다.
사고 발생 전에는 왜? 이러한 문제점을 식별하지 못했을까?
문제는 있지만 잘 적응하고 있다는 생각, 24시간 보호관리 하기 때문에 문제가 없다는 생각으로 주변을 돌아보지 못한 것이다.

악성사고를 예방하기 위해서는 자살, 군무이탈, 안전사고 등이 발생했다는 가정 하에 수사관 입장에서 부대를 진단해 보라.
이렇게 하면 미처 보지 못한 것들을 볼 수 있고, 문제점을 찾아 사전 조치를 함으로써 사고를 미연에 방지할 수 있다.

예를 들어 자살사고가 발생했다는 가정 하에 수사관 입장에서 부대를 진단하는 방법이다.

① 현재 자살 가능 인원이 누구인가를 확인하여, 자살 가능성이 가장 높은 1명을 선정하라.
② 왜! 자살 했는지 원인을 확인하라. 병영생활기록부와 그동안 면담결과를 꼼꼼히 확인하고, 수양록, 메모지, 인접중대 전입동기 면담, 설문 등을 통하여 자살원인을 찾아내야 한다.
③ 언제, 어디서, 무엇을 이용 자살했는가를 조사하라.

취약시간을 파악하면, 취약시간 통제대책을 확인 할 수 있다.
사망 장소를 찾다보면 보일러실 및 창고 key관리 취약점을, 부대주변에 있는 나무 가지를 이용 했다면 나뭇가지를 제거하는 조치가 가능하다.
직접적인 사인을 확인하다 보면 목을 맬 수 있는 끈이나 줄을 회수 할 수 있고, 칼이나 기타 도구들에 대한 안전대책을 강구할 수 있다.

④ 사망사고 발생 후 후속조치를 어떻게 할 것인가를 고민 하다보면 부모와 통화를 안 할 수가 없고, 부모와 연계하여 관리를 지속적으로 할 수 있다.

수사관 입장에서 부대를 진단하다 보면 그동안 생각하지 못한 부분까지 확인할 수 있고, 문제요인을 사전에 조치할 수 있다.
자살사고 뿐만 아니라 군무이탈, 화재사고, 구타 및 가혹행위 등 취약사고를 선정 월 1~2회 정밀진단이 필요하다.

사고예방을 위한 TIP

군생활의 패턴은 거의 변화가 없다. 1년에 한번 하는 훈련부터 반기, 분기, 월단위로 반복되는 훈련과정을 통해 적과 싸워 이길 수 있는 강한전사를 양성하고 있다.
하루 24시간을 놓고 보면 야간 훈련을 제외하면 교육훈련, 경계근무, 내무생활이 지속적으로 반복된다.
어느 조직이나 마찬가지이지만, 이렇게 반복되는 일상 속에서 끊임없이 문제가 발생하고, 이러한 문제들이 쌓여서 각종 악성 사고를 유발시키기도 한다.

34년간 군 생활을 하면서 수많은 유형의 사고를 직접 경험하거나 보아왔다. 사고 후속조치를 하면서, 사고부대를 조사 하면서 간부들이 조금만 더 관심을 가졌다면 충분히 예방할 수 있었는데 라는 아쉬움이 많았었다.
그러나 잊을 만하면 발생하는 사고, 주기적으로 반복되는 동일 유형의 사고들을 보면서, 사고예방을 위한 간부들의 관심과 노력이 부족해서 사고가 발생한다고 보는 것은 무리라고 본다.
대부분의 간부들은 "사고만 없다면 군 생활 할만하다"라고 말한다. 사고예방을 위해 수많은 시간과 노력을 투자하고 있고, 이러한 과정에서 엄청난 스트레스를 받으면서 생활하고 있다.
간부들의 이러한 노력에도 불구하고 사고는 계속되고 있다.
경험부족 등으로 각종 사고예방을 위해 투자한 시간만큼 성과를 얻지 못하고 있는 것이다.

사고예방의 핵심은 교육훈련이나 부대활동 간에 발생 가능한 각종사고를 미리 예측하여 사고가 발생하지 않도록 조치하는 안전조치기 필요하다는 것이다.
즉, 유격장 외줄 코스 밑에 그물망을 치듯 사고가 발생 하더라도 다치거나 죽지 않도록 안전조치를 하는 것이 바로 사고예방이다.

그동안 많은 세월이 흘러 사람도 환경도 변했지만, 동일한 유형의 사고는 지속되고 있다.
그래서 조금이라도 도움을 주고자 하는 마음으로 사고예방을 위한 TIP을 준비 하였다.

주기적으로 발생하는 사고에 관심을 가져라. 군 생활을 하다 보면 2~3년 주기 또는 5년 주기로 발생하는 사고가 있다. 간부들은 이러한 사고들의 예방에 관심을 가져야 한다.

① **GOP나 GP에서 미확인 지뢰지대를 출입하다 발생하고 있는 지뢰 폭발사고에 유의해야 한다.** 길이 아니면 가지 말아야 한다. 길에서 반 발짝만 안으로 들어가도 지뢰가 있다고 보면 된다. 여름철 폭우로 지뢰가 도로로 쓸려 내려와 평시 다니던 길에서도 사고가 발생하는 경우가 있다.
또는 GOP 후방이지만 하천에 들어갔다가 유실된 지뢰를 밟아 폭발하는 사례도 있다.

② **크레모아 전기뇌관 점검 중 폭발사고이다.**
경계부대에서 많이 발생하는 사고로서 전기뇌관 점검 시 검전기 고장으로 발생하는 경우도 있다.

이러한 사고를 예방하기 위해서는 검전기 작동여부를 확인하고 뇌관이 폭발해도 이상이 없도록 안전장치가 필요하다.

③ 부대훈련이나 영내에서 발생하는 감전사고이다.

영내에서 통신선로 작업을 하다 감전되거나, 훈련장에서 전기선 인입 및 철거 작업 시 주로 발생한다.

전술훈련 시 통신병들이 롱 안테나를 연결하여 훈련하다가 고압선에 걸려 감전사고가 발생하기도 한다.

이러한 사고를 예방하기 위해서는 통신선이나 전기선 작업 시 전기를 차단 후 작업해야 하며, 훈련 간 전선 주변에서 롱 안테나 설치 등을 통제하여야 한다.

④ 방화수통 등을 만들기 위해 빈 드럼통을 용접기로 자르다 폭발하는 사고이다.

빈 드럼통에 가스가 남아 있다는 생각을 않고 방화수통 등을 만들다 주로 발생한다.

⑤ 야간에 난로에 유류를 주입하다 화재가 발생하는 사고이다.

이러한 사고는 휘발유와 등유를 착각하여 휘발유를 넣다 많이 발생하지만, 야간에 기름을 불출하다 발생하는 경우도 있다.

이러한 사고를 예방하기 위해서는 유류 불출 및 난로에 유류를 주입하는 시간을 통제 하여야 한다.

또한 유류주입 시 난로를 완전히 소각 후 주입하는 등 기본적인 것을 잘 지켜야 한다.

⑥ 경계근무 간 발생하는 총기 오발사고 이다.

경계부대에서 근무투입 및 철수 간, 근무 중 일어나는 사고이다. 착각이 가장 큰 원인이다.

실탄이 장전된 총의 안전장치가 해제 된지 모르고 방아쇠를 격발 하거나, 탄창이 결속되어 있는데 노리쇠를 후퇴 전진 하여 1발이 장전된 줄 모르고 방아쇠를 격발하여 발생한다.

본인 또는 다른 인원이 자신의 총을 만지다 생기는 사고로, 본인의 총기는 항상 본인이 휴대하여야 하고, 다른 사람이 자신의 총을 만지지 못하도록 해야 한다.

M60기관총이나 MG50기관총은 한발이 장전 되었을 경우 노리쇠를 2번 후퇴 시켜야 실탄이 완전히 제거 된다.

⑦ 훈련 간 산불예방에 관심을 가져야 한다.

사격 간 산불사고는 곡사화기 고폭탄이나 조명탄 사격, 무반동총이나 토우 고폭탄 사격, 직사화기 예광탄 사격 시 많이 발생한다. 따라서 강풍이 부는 날은 화재 위험성이 있는 사격은 통제 되어야 한다.

날씨가 좋아도 사격 시에는 산불발생에 대비하여 방화조 편성, 등짐펌프나 공병삽 등 화재 진압도구를 사전에 준비 하여야 한다.

산불발생에 대비하여 평소 표적 주변에 있는 계곡에 우물을 만들고 바가지 등을 비치하여 등짐펌프에 물을 충만 할 수 있도록 준비 하여야 한다.

유탄발사기 등 화재에 취약한 화기의 표적 주변에는 빈 플라스틱 통을 묻어 물을 채워두면 화재 시 용이하게 활용 할 수 있다.

해안부대 즉각조치 사격 시 바람이 내륙으로 많이 부는 경우 박격포 조명탄 사격을 하면 바다가 아닌 내륙의 민가나 산으로 낙하되어 화재 발생 위험이 있다.
또한 해안 즉각조치 사격 시 파도가 높은 날 개인화기 사격을 하면, 파도에 의해 도비탄이 발생되므로 유의해야 한다.

조명탄 사격이나 신호탄을 사용 시 바람 부는 방향에 산이 있으면 고각을 높게 하여 발사하더라도 공중에서 완전하게 소각되지 않고 산 중턱에 낙하되어 산불이 발생할 위험이 높다.

차량 안전사고 예방활동을 강화하라. 차량 정비 중 차량이 후진하여 압박사고가 발생하는 경우가 있다.
차량 정비 간 고임목을 설치하고, 후진 시 차량 뒤에 병력이 있는지 여부를 반드시 확인하는 것이 습성화 되어야 한다.
운행 간에도 차량 후진 시에는 운전보조자의 유도 하에 후진을 해야 한다.

병력과 물자를 혼합적재 하여 이동하다 차량 전복사고로 많은 사상자가 생기는 사고이다.
훈련 간, 훈련종료 후 물자를 싣고 병력 2~3명을 함께 태워 이동하는 것을 포함하여 혼합적재는 철저히 통제하여야 한다.

군용차량 중에는 경사길 에서 기어 변속을 하면 차량이 뒤르 밀리는 현상이 발생하는 차량이 있다. 이러한 것을 모르고 경사길 중간에서 기어를 변속하다 후진하여 추락사고가 발생하는 경우가 있다.

통신박스 카, 106mm 무반동 차량은 커브길 에서 과도하게 핸들을 꺾어 회전하다 전복사고가 많이 발생한다.
운전병이 도로를 볼 수 없는 경사지 커브길, 제방 길은 오르자마자 좌·우로 회전하는 구간이 있는데, 이러한 곳은 차량 본 네트 때문에 전방도로를 볼 수 없어 감으로 운전 할 수밖에 없기 때문에, 운전보조자가 하차하여 차량을 유도 하여야 한다.

또한 병력하치지점이 있는 곳에서는 반드시 하차 후 도보 이동을 시키고, 비포장도로에서는 먼지로 인한 시야확보를 위해 차량간격을 평소보다 이격시켜 운행해야 한다.

초겨울에 비가 내리면 산악지역이나 터널 입구 등은 살얼음이 얼어 있는 블랙아이스 상태가 된다. 이러한 지역에서 브레이크를 밟거나 기아를 변속하면 미끄러져 대형 교통사고를 유발한다.
이러한 지역은 사전에 50Km이하로 속력을 줄여 저속으로 운행하도록 교육하여야 한다.

체육활동간 안전사고 발생에 유의하라. 체육활동간 서로 부딪치거나, 과격한 행동으로 인해 골절, 뇌진탕 등의 안전사고가 종종 발생 하는데 운동의 3대원칙인 준비운동, 유니폼, 심판 운영을 반드시 준수 하여야 한다.

준비운동은 땀이 약간 날정도로 하고, 경기도중 선수 교체 시에도 준비운동 후 교체해야 한다.

상대방과 구분되는 유니폼을 착용시켜야 충돌사고를 예방한다.
심판을 반드시 임명하고, 심판요령을 교육하여 과격한 플레이를 적극적으로 통제 하여야 한다.

또한 운동 전·후 축구골대에 매달리다 골대가 넘어지면서 다치는 인원이 발생 하므로 축구골대를 바닥에 고정시켜야 한다.

하계 훈련 간 일사병, 열사병 발생에 유의 하라. 물은 적은 량을 자주 마실 수 있도록 조치하고, 행군, 구보, 전술훈련 간 분대장들에게 용사들의 관찰임무를 부여하여, 힘들어 할 때 충분히 휴식하게 하거나 상태가 좋지 않는 인원은 AMB에 태워서 이동 시켜야 한다.

지휘관(자)이 덥다고 느끼면, 활동이 많은 병사는 쓰러진다는 생각을 항상 해야 한다. 교육훈련 간 간부들의 기준으로 평가해서는 안 된다. 병사들을 오전부터 계속 땀을 흘려 왔다는 것을 잊어서는 안 된다.
간부들은 훈련 전 병사의 수면, 식사여부 등 개인 건강상태를 확인하여 조치하여야 한다.

특히 잡목이 무성한 산림지역은 통풍이 잘 안되어 몇 배가 힘들고, 땀을 많이 흘리므로 부대이동로 선정은 가급적 회피하고, 특히 이러한 지역은 휴식장소로도 적합하지 않다.

정제염 및 소금을 먹이지 말고 저농도 식염수를 활용하고, 식사 시 국이나 반찬은 약간 짜게 하여 염분을 보충해 주어야 한다.

일사병, 열 경련, 열사병 증상이 오기 전에 조치하고, 힘들어 하거나 땀을 많이 흘릴 때에는 행군시간을 40분 이동 20분 휴식 등의 융통성 있는 조치를 하여야 한다.

사고예방을 위한 깨알 TIP

① 타 부대 사고사례를 잘 활용하라

사고를 예방하기 위해서는 훈련이나 체육활동 등 모든 부대활동 전 사고요인을 찾아 사전에 안전조치를 해야 한다.
이러한 조치를 위해서는 항상 문제의식을 갖고 들여다보는 세심 한 관심과 문제점을 최소화하기 위한 노력이 필요하다.

각종 사고를 분석해보면 사고발생 원인들이 대부분 유사하다.
군은 사고가 발생하면 유사사고 예방을 위해 전군에 사고사례를 전파하면서 문제점 및 대책을 지시 한다.
그러나 얼마 지나지 않아 인접부대에서 사고원인이 비슷한 동일 한 유형의 사고가 또 발생한다.
문제는 "내 부대는 이상 없다"라고 생각하는 안전 불감증이 무관심을 불러온 것이다.

인접부대 사고사례를 접하면 우리부대는 취약점이 없는지 확인 하고 조치하는 시스템이 필요하다.
인접부대에서 자살사고가 발생 했다면 자살우려 자에 대한 면담 및 관리시스템을 점검하고 취약분야를 보완하여야 한다.
전기 누전으로 화재가 발생 했다면 노후전선 등을 확인하여 교체 하고 문어발식 콘센트 사용 등 취약요인을 점검하고 조치해야 한다.
부대에서 정기적으로 실시하는 부대진단에 추가하여 이러한 조치를 하면 취약요인을 조기에 발견하여 조치함으로써 사고를 예방할 수 있다.

② 부대주변, 훈련장에 있는 묘지를 잘 관리하라.

부대 내부와 울타리 주변, 훈련장에 있는 묘지는 장병들이 밟지 않도록 경시 테이프에 접근금지 표시를 해서 관리 되어야 교지 관련 민원이 발생하지 않는다.

또한 부대 내 무연고 묘지는 추석 전에 벌초를 해주는 것이 좋다.

③ 나무를 함부로 자르지 마라.

부대 안이나 울타리 주변, 훈련장에 있는 잡목은 제거해도 되지만, 큰 나무는 함부로 베어서는 안 된다.

정상적인 절차를 거쳐 허가를 받은 후 벌목을 하여야 한다.

특히 부대 안에 있는 고목을 함부로 벌목하면 부대에 크고 작은 사고가 발생할 수도 있다.

④ 종교가 다르다고 부대 입구나 부대 안에 있는 천하대장군, 지하여장군 장승을 함부로 제거해서는 안 된다.

⑤ 생활관이나 독신자 숙소 등을 신축 시에는 수맥여부를 확인하여 수맥이 흐르는 곳에 건축을 해서는 안 된다.

현재 장병들의 숙소에 곰팡이가 많이 끼거나, 물이끼가 생기는 곳은 수맥진단을 해보라.

만일 수맥이 흐른다면 5밀리 이상 되는 동판을 바닥에 깔아 주는 조치가 필요하다.

수맥이 흐르는 곳에서 취침 시 악몽에 시달리거나 가위에 눌리는 등 잠을 잘 자지 못하는 경우도 있다.

미신이 아니라 물에서 나오는 독소 때문이므로 반드시 조치가 필요하다.

⑥ 동계나 열대야에는 병사들의 취침시간이 부족하다.

동계에는 근무복귀 후 몸이 따뜻해질 때 까지 잠을 못 잔다.

열대야에는 땀을 흘린 데다 더워서 쉽게 잠들지 못 한다.

하루 8시간 취침시간에서 1회 근무투입 시 실제 근무시간은 2시간이지만 총 3~4시간 소요된다.

즉, 근무투입준비 30분 ✚ 근무투입 30분 ✚ 근무 2시간(동계 1시간 30분) ✚ 근무 철수 30분 ✚ 취침준비 30분을 고려하면,

실제 취침은 5시간에서 4시간 밖에 자지 못한다.

근무시간이 중간에 들어 있으면 취침시간은 더 줄어든다.

우울증이 있는 병사는 생각이 많아 실제 수면시간은 1~2시간 밖에 안 된다. 즉, 열대야가 있는 7~8월에 자살사고가 많은 이유 중의 하나다. 이렇게 못자니 교육만 하면 졸게 된다.

따라서 동계에는 근무 철수 시 지휘통제실에서 몸을 녹이고 가도록 조치하고, 열대야가 있으면 근무 철수 후 샤워를 할 수 있도록 여건을 보장해야 한다.

⑦ 독신숙소는 화재사고에 관심을 가져야 한다.

비인가 전열기구나 전기장판 사용을 통제하기 전에 밤에 기온이 떨어지는 시기부터는 보일러를 가동할 수 있도록 조치를 해 주어야 한다.

부대 난방시기와 같이 통제하면 혼자 자기 때문에 추워서 잠을 자기 어려워 비인가 전열 기구를 사용할 수밖에 없다.

유류가 제한되지만 지휘관이 관심만 가지면 충분히 가능하다.

전기에 의한 화재사고는 전기누전이나 합선 등 여러 가지 원인이 있지

만, TV나 콘센트 주변에 쌓인 먼지가 원인이 되는 경우도 있다.
외부 변압기에 문제가 있어 전기가 불규칙적으로 들어올 경우 TV나 콘센트주변에서 불꽃이 생기면서 먼지에 붙어 화재가 발생하는 경우도 있다.
청소도 잘해야 하지만, 전등불이 정상적으로 들어오지 않을 경우 외부 변압기 정비를 하여야 한다.

PART 7

칭찬받는 보고서를 작성하라

마음속에 믿음을 가지면

믿음이 당신을 만들 것이다

군 생활을 하면서 의욕과 좌절, 포기의 악 순환이 가장 위험하다.
질책과 모욕은 어느 조직이든 있기 마련이다.
겸허하게 받아들여 나의 발전의 기회로 삼아라.

공문서 작성 이렇게 하라

군 생활을 시작하면서 초급간부들을 가장 당혹스럽게 만드는 것이 “~에 대해 보고하라”는 지시사항 일 것이다.
어떤 양식을 이용해야 하는지? 어떤 내용을 포함시켜야 하는지?
작성 후 어떻게 보고 해야 하는지? 도대체 알 수가 없다.
겨우 작성하여 보고 했는데 보고서가 온통 적색으로 수정되고, 다리가 후들거리면서 눈물이 쏙 나오도록 혼나고 나온다.
대부분의 초급장교는 이때부터 자신의 능력을 비관하면서 군 생활에 회의를 느끼기 시작하게 된다.
필자를 포함 대부분의 간부들이 당하고 느꼈던 일들이다.

그러나 고민하지마라, 걱정할 필요 없다.
임무를 부여 받으면 “네! 알겠습니다. ~에 대하여 보고 드리겠습니다.”라고 자신 있게 복명하고 나와라.

임무를 부여받고 사무실에 들어오면 먼저 예전에 보고했던 자료를 찾아서 참고하면 쉽게 작성할 수 있다.
보고 자료가 없으면 연대 행정업무 통합관리시스템 자료실에 들어가서 타부대에서 보고했던 관련 자료를 찾아보거나, 해당 부대에서 임무와 관련된 내용을 보고 했던 자료를 확인 하라.
현재 지휘관에게 보고했던 자료라면 일반적인 사항만 수정하여 그대로 보고 해도 된다.

자료를 확보 했으면 기안문으로 작성 전자결재를 할 것인지, 간이기안문

서식을 활용 대면보고를 할 것인지를 결정하라.
상급부대 보고나 예하부대에 하달할 문서라면 기안문을 작성하여 전자결재를 받고, 내부 결재용 보고는 간이기안문 서식을 활용 하면 된다.

이렇게 준비가 끝나면 보고서의 틀을 구상하고, 보고서를 작성 하면 된다. 기존에 동일한 제목의 보고서가 있다면 그대로 활용하되, 일시, 장소 등 일반적인 사항만 수정하여 보고 할 수도 있다.
보고서를 완성하기 전에 반드시 현장에 가서 시행가능 여부와 누락사항 등을 확인하여 반영하고, 행사계획을 작성 한다면 행사 당일 기상을 확인하여 우천, 적설, 강풍, 동상, 온열손상 대책 등 우발상황에 대비한 내용도 포함해야 한다.

최종적으로 보고서가 완성 되면 대면보고를 한다고 생각하고 시나리오를 작성해 보아라. 시나리오를 작성하다보면 중요한 사항, 강조하고 싶은 내용의 순서를 조정할 수 있다.
또한 이해가 안가는 문구 등을 발견할 수 있을 것이다.

관련 참모의 협조가 필요하다면 결재 전에 관련참모들의 협조서명을 받은 후 지휘관 결재를 받아야 한다.

마지막으로 보고 1일전 지휘관 시간계획을 수립하는 부서에 가서 시간계획에 반영한 후 보고하면 된다.
보고 한 후 수정사항이 있을시 수정해서 상급부대 보고 또는 예하부대에 하달하면 된다.

중요한 것은 자신감이며, 기존보고 자료를 최대한 활용 하는 것이 시행착오를 최소화하면서 보고서 작성시간을 단축할 수 있다.

전술토의나 간부교육을 위하여 파워포인트로 작성 시 글씨 크기, 색상 선택에 유의하여야 한다.
글씨 크기는 교육인원 및 교육 장소를 고려해야 한다. 대강당 에서 교육하는데 글씨크기를 작게 하면 뒤에 앉아 있는 인원은 보이지 않는다. 이때는 내용을 줄이더라도 글씨 포인트를 크게 하여야 한다.
파워포인트는 바탕색을 고려하여 글씨 색상을 선택해야 잘 보인다. 특히 지도에 글씨를 넣을 시에는 바탕색을 고려 식별이 잘되는 글씨색상을 선택해야 한다.
파워포인트 작업이 완료되면 교육장소 맨 뒷줄에 앉아 한 장 한 장 넘기면서 글씨크기나 색상 등을 확인하여 수정하는 지혜가 필요하다.

일반 공문서 작성 시 유의사항

공문서라 함은 부서 내부에서 종결되거나 대·내외적으로 공무상 작성 또는 시행되는 문서 및 접수되는 모든 전자문서와 종이문서를 말한다.

공문서는 법규문서, 지시문서, 공고문서, 비치문서, 민원문서, 일반문서로 구분되며 일반문서는 협조문, 보고서 등을 말한다.
이중 연대급 이하 제대에서 가장 많이 작성하는 것은 지시문서 중 인사명령, 일반명령과 일반문서 중 일반 공문서(기안문), 간이기안문, 협조문 등이다.
구체적인 사항은 육군규정 151「사무관리 일상명령 발령 규정」을 참조하기 바란다.
여기서는 연대급 이하 제대에서 초급간부들이 기안문을 작성하면서 시행착오를 범하는 주요 오류사항을 정리 하였다.

대·내외 발송 문서는 일반 공문서 서식으로 기안 하고, 내부 결재용 보고서는 간이 기안문 서식으로 기안해야 한다.
즉, 내부 결재용 보고서로 작성한 간이 기안문은 일반 공문서와 같이 대내·외로 발송 할 수가 없기 때문이다.
일반 공문서 서식이나 간이 기안문 서식은 사무실에서 활용하고 있는 육군 인트라넷에 저장 되어 있으므로 그대로 활용하면 된다.

공문서 작성 시 관련근거는 해당 공문과 직접 관련된 근거 문서를 기록해야 한다. 법령 및 규정일 경우 법령(규정)번호, 법령(규정)명, 제·개정 일자, 관련 조항 순으로 기재한다.

예) 1.관련근거: 육군규정 151 사무관리 규정('16.12.28)제3장 22조

관련근거가 일반문서의 경우 상급부대에서 하달된 공문을 참조시행부서의 약칭, 문서번호, 시행일자, 제목순으로 기재한다.

예) 1.관련근거: 육 · 총무과-124('18.02.15)사무관리 규정 준수 지침

여기서 중요한 것은 관련근거를 명시 할 때 최초 자체 생산 문서에는 관련되는 법령, 규정 등을 망라하여 기록해야 하나, 접수된 공문에 의해 시행하는 문서는 접수 공문의 관련근거만 명시하면 된다.

관련근거 다음에 작성하는 2항에서 흔히 범하는 실수는 주어를 앞에다 안 쓰고 "아래와 같이"를 뒤에 쓰는 것이다.

잘못된 예) 2. 위 관련근거에 따라 아래와 같이(또는 붙임과 같이, 다음과 같이) 사무 관리규정 준수를 재강조 합니다.

잘 작성된 예) 2. 위 관련근거에 따라 사무 관리규정 준수를 아래와 같이(또는 붙임과 같이, 다음과 같이) 재강조 합니다.

그러나 군이 아닌 대외기관으로 문서를 보낼 시에는 관련근거를 명시 하지 않는다.

1. 귀 기관의 무궁한 발전을 기원 합니다.
2. 00훈련 간 아래와 같은 사항에 대한 협조를 부탁드립니다.

문서 기안 시 아래와 같이, 다음과 같이, 붙임과 같이는 정확하게 사용해야 한다.

먼저 아래와 같이는 해당 문항 바로 다음에 세항을 기술할 경우 사용 한다.

1. 관련근거 :
2. 위 관련근거에 따라 .....을 아래와 같이 지시 합니다.
   가. 00 준수
   나. 000 결과보고 할 것

다음과 같이는 해당 문항의 세항이 아닌 다른 내용을 기술 할 경우 사용한다. 즉 3항을 별도로 기술할 필요가 있을시 사용 한다.

1. 관련근거 :
2. 위 관련근거에 따라 00을 다음과 같이 지시 합니다.
3. 00에 관한 사항은 000

문서 제목 옆( )안에는 (보고, 지시, 하달) 등의 용어를 쓰지 않고 문서처리의 종결제대를 명시한다.

지침변경 전에는 상급부대 보고문서 제목 옆에00계획(보고)을, 예하부대에 하달 문서 제목 옆에 00계획(지시 또는 하달)을 기록 했었다. 그러나 현재는 상급부대 보고문서는 문서 제목만, 예하부대 하달문서에는 "00계획(연대종결)"처럼 종결 제대를 명시하여 하달한다.

보고서 작성 시 유의사항

모든 보고서는 문서 체계상 공문서이며 정기보고서와 수시보고서로 구분한다.
수시보고서는 정기보고서를 제외한 모든 보고서로서 발송을 위한 보고서는 일반 공문서 서식으로 작성한다.

내부 결재용 보고서는 간이기안문 서식을 이용하여 작성 하고, 결심형보고서는 각종 현안업무 검토보고, 계획보고, 연구보고, 업무보고, 조사보고, 사고보고 등 결재권자의 결심이나 공적인 승인을 받기 위해서 건의 할 때 작성하는 보고서이다.
인지형보고서는 상급자 및 다른 부서에게 어떤 사실의 정보를 제공할 때 작성하는 보고서로서 회의결과, 상급부대 주요일정, 요약보고, 첩보보고와 같이 결심이나 회신이 필요 없는 단순한 내용에 대한 보고서이다.

여기서는 내부 결재용 보고서인 간이 기안문 서식을 이용하여 보고서 작성 시 주요 오류사항을 정리 하였다.

간이기안문 서식의 양식 및 글씨체, 글씨크기는 육군사무관리 규정을 준수하되, 글씨체나 글씨 크기는 지휘관에 따라 약간의 차이가 있으므로 지휘관의도에 맞게 작성하면 된다.

결심형보고서와 인지형보고서의 차이는 결심형보고서는 결재란이 있으나, 인지형보고서는 결재란이 없다.

결심형보고서를 작성할 때 본문 내용이 3매 이상일 경우 중앙 표지 상단에 제목을 기재하고, 2매 이하 일 경우 제목을 좌측에 기재한다. 3매 이상인 결심형보고서는 제목을 중앙 상단에 기록 후 제목 상·하단에 줄을 긋되, 하단은 굵은 줄로 한다.
2매 이내 결심형보고서는 제목을 좌측에 기록하고 본문내용을 작성 한다.
인지형보고서는 결재란 없이 제목아래 보고부서/전화번호, 보고일자(요일) 기록 한다.

항목별 구분번호 표기 숫자 및 한글번호 표기는 1 → 가 → 1) → 가) → (1) → (가) → ① → ㉮ 순서로 하는 게 원칙이다.
그러나 지휘관 성향에 따라 [1] → ㉮ → ① 등으로도 작성하기도 하 기 때문에 해당 부대 지휘관의도에 맞게 적용하면 된다.

로마숫자는 첫째 항목은 로마숫자, 둘째 항목부터 는 숫자 및 한글번호 표기 순서를 적용 한다.
로마숫자 순서는 Ⅰ, Ⅱ, Ⅲ, Ⅳ, Ⅴ, Ⅵ, Ⅶ, Ⅷ, Ⅸ, Ⅹ순으로 한다.

업무보고 및 연구보고 등 도식화 부호를 사용 시에는 ❑ →○ →• → - → ◦으로 표기한다.
이러한 표기는 지휘관 성향에 따라 다르기 때문에 지휘관 의도에 맞게 작성하면 된다.

올바른 용어 사용이 중요하다

우리들이 사용하고 있는 문자나 언어는 모두 사회적인 약속 이므로 이를 준수하여 바르게 표현해야 한다.
보고서 작성은 단순히 문장을 쓰는 것을 의미하지 않는다.
한사람이 갖고 있는 업무지식과 동원 가능한 정보, 통찰력 있는 분석, 상·하 동료 간 의사소통, 추진력 등의 결정체가 바로 보고서다.
보고서 작성 능력은 효율적인 의사소통과 업무 생산성 향상에 필수적인 요소라고 볼 수 있다.
훌륭한 보고서를 작성하기 위해서는 용어 사용을 잘해야 한다.

대내·외 및 상·하급 부대로 발송하는 문서는 접수자에게 불쾌감을 주는 위압적이거나 권위적인 용어사용을 지양하고 알기 쉬운 경어나 친절한 용어를 사용해야 한다.
예를 들면 기일엄수 보고할 것, 철저히 시행할 것, 시행에 착오 없도록 할 것, 엄중문책 할 것임, 만전을 기할 것, 지휘관심을 촉구할 것, 준수할 것 등은 사용해서는 안 된다.

일재잔재 용어 및 외래어와 어려운 한자어는 쉬운 우리말로 써야 한다.
예를 들면 시건장치→잠금장치, 초도순시 → 첫 방문, 종무식→ 연말결산, 시무식 → 신년인사 등으로 사용하고 있다.
또한 "~에 의거 → ~에 따라", "기타 → 그 밖에", "당해년도 → 해당연도", "승인을 얻어 → 승인을 받아", "익년 → 다음해", "입회 → 참관"등으로 사용을 권장하고 있다.

기술용어나 특수용어는 본래의 명칭을 사용 하고, 계량단위나 고유 명칭은 한글 맞춤법에 따라 표기하되, 뜻의 전달이 곤란한 내용이나 단위 등은 괄호( )하여 원어 및 영문 표기를 기록 한다.

접속사 인 "및"은 한 문장에 한 번 이상 사용하지 말고, "및" 보다는 "와(과) 또는 나, ~하고"를 써야 한다.
예를 들면 "타 부대 및 타 기관의 요청에 대하여 신속 및 정확한 대응 및 방안을 제시 한다."는 "타 부대와 타 기관의 요청에 대하여 신속하고 정확하게 대응하고 방안을 제시한다." 로 써야 좋은 보고서다.

보고서에는 빗금(/)을 쓰지 말고 " 및"을 써라.
단, 파워포인트로 작성 시는 빗금(/)을 사용하되, 한 문장에 한번만 쓰는 게 좋다.

또한 서술어 사용에 유의하여야 한다. 보고서 작성 시 서술어를 잘못 쓰면 불필요한 사족이 된다.
예를 들면 "~하도록 한다. → 한다, ~할 수 있다 → 한다, ~하고 있다 → 한다. 실시한다. → 한다, 해당한다고 할 수 있으므로→ 해당하므로" 등으로 고쳐 써야 좋은 보고서가 된다.

보고서 작성 시에는 오자, 탈자 또는 숫자 등이 틀리지 않도록 정확하게 작성해야 한다.
또한 필요한 내용이 빠지지 않도록 해야 한다. 예를 들어 토의를 통보하는 문서에 개최일시, 장소, 주관자, 참석범위 등은 포함 되어 있으나 토의주제를 빠뜨렸다면 참석자 들은 사전 준비를 하지 못해 효율적인 토의가 되지 못할 것이다.

문장부호를 정확하게 사용하여야 한다.
문장부호란 문장 각 부분 사이의 논리적 관계를 분명히 하거나 글의 정확한 의미를 전달하기 위하여 표기법의 보조수단으로 쓰이는 부호를 말한다. 문장부호는 문맥을 명확히 함으로써, 문장을 읽는 사람으로 하여금 뜻을 정확하게 파악하도록 해 준다.

보고서는 추상적이고 일반적인 용어 보다는 구체적이고 개별 적인 용어를 써야 한다.
예를 들면 사격수준이 향상 되었다 → 사격수준이 30% 더 향상 되었다 등 구체적인 표현으로 기술해야 한다.

보고서는 누가, 언제, 어디서, 어떻게, 왜의 6하 원칙을 적용 하면 대체적으로 내용이 구체화 될 수 있다. 그리고 여기에다 소요 예산, 기대효과 등을 추가하면 더욱 더 명확하여 진다.

보고서는 적극적인 표현을 써야한다
“목표를 달성 하도록 노력 하겠다” 등으로 애매한 표현이나 과장된 표현 보다는“노력하여 목표를 달성 하겠다.”로 써야 한다.
한계가 분명하지 않는 표현, 즉, 구체적인 사례 없이 막연하기 중대한 과실, 경미한 사항이라고 표현 한다거나, 가능하면 등의 모호한 표현을 해서는 안 된다.

문장은 짧게 끊어서 개조식으로 작성하고, 가급적 결론을 쓰고 그 다음에 이유 또는 설명을 쓴다.

문장부호 및 도표 정확하게 사용하라

올바른 공문서를 작성하기 위해서는 표준양식을 이용하는 보고서의 형식과 내용도 중요 하지만, 보고 시 초급간부들이 가장 많이 혼나는 것은 오자, 탈자, 띄어쓰기 및 문장부호의 잘못사용, 바른 용어를 사용하지 않는 경우 등이다.

먼저 올바른 문장부호에 대해 알아보겠다.

1. 마침표(.) : 문장이 끝났음을 표현, 준말, 아라비아 숫자로 연월일을 표시 할 경우 사용 한다.
2. 물음표(?) : 의심이나 물어 볼 경우 사용한다.
3. 느낌표(!) : 감탄, 놀람, 명령 등의 강한 느낌을 나타낼 때 사용한다.
4. 쉼표 (,) : 문장의 짧은 휴지(休止)를 나타낼 때 사용한다.
5. 가운데 점 (·) : 대등 하거나 밀접한 관계의 단위를 연결할 때 사용한다.
6. 쌍점 (:) : 포함된 종류를 나열하기도 하고 소포제 뒤에 설명하고자 할 때 사용한다.
7. 빗금 (/) : 대응, 대립, 대등한 단어와 구절을 표시하고, 분수를 나타낼 때 사용한다.

   *공문서 작성 시에는 빗금(/)대신 "및"자를 사용 한다.
8. 큰 따옴표 (" ") : 대화, 인용, 특별한 말을 강조할 때(가로쓰기에 사용) 사용한다.
9. 작은따옴표(' ') : 따옴말 가운데 다시 따옴말이 있을 때 쓰거나 마음속으로 한 말을 적을 때 쓴다.

10. 소괄호(( )) : 원어, 연대, 주석, 설명 등을 나타낼 때 사용한다.
*통상 쌍점(:)과 많이 혼동 한다.
11. 중괄호({ }) : 여러 단위를 대등하게 묶을 때 사용한다.
12. 대괄호 ([ ]) : 묶음표 안의 음이 다를 때, 묶음표 안에 또 묶음표가 있을 때 사용한다.
13. 붙임표(-) : 이미 한 말의 내용을 부연 설명, 합성어, 접사, 어미로 나타낼 때 사용한다.
14. 물결표(~) : 숫자의 경우 기간의 뜻, 어떤 말의 앞이나 뒤에 들어갈 때 말 대신 사용한다.
15. 숨김표(○○, ××) : 알면서도 고의로 드러내지 않음을 나타낼 때 사용한다.
16. 말줄임표(……) : 말을 줄이거나 할 말이 없을 때 사용한다.
17. 낫 표(「 」) : 글 속에서 특별히 구분하여야 할 말이 있을 때 사용한다.
18. 겹 낫 표(『 』) : 대화 · 인용 · 특별어구 표시, 세로쓰기에 사용한다.

둘째. 문서상의 숫자 표시는 다음과 같이 한다.
1. 날짜표시 : 숫자로 표시하되, 연, 월, 일의 글자는 생략하고 그 자리에 마침표(.)를 찍어 표시한다.
*예) 2018. 1. 1.
 '18. 1. 1 : (')은 2000년을 생략 할 때 사용한다.
2. 시간표시 : 24시간제에 따라 숫자로 하되 시. 분의 글자는 생략하고 그 사이에 쌍점(:)을 찍어 구분한다.
*예) 15 : 10
3. 금액표시 : 아라비아 숫자로 쓰되, 필요시 숫자 다음에 ( )하고 한글

로 기재한다.

*예) 금 15,790원(금 일만오천칠백구십원)

셋째, 보고서 작성 시에는 어떠한 내용을 비교하고 통계를 알아보기 쉽게 표시하거나, 변화 상태 등을 알아보기 위해서 그래프 또는 표를 많이 사용한다.

주의할 점은 한 장에 동일한 그래프나, 동일한 표를 2개 이상 사용하면 내용이 한눈에 들어오지 않는 등 보고서가 조잡스러워 진다. 즉, 식별하기 쉬운 것이 아니고 오히려 복잡하다는 것이다.

도표를 활용하기 위해서는 상황에 맞는 그래프 및 표를 사용하여야 한다. 막대그래프는 특색, 비교, 변화 등을 알아보기 쉽고, 꺾은 선 그래프는 변화 상태를 알아보는데 좋다.
원 그래프는 통계현황 등 퍼센트(%)에 의한 비율을 나타낼 때 통상 사용하며, 비율 그래프, 히스토그램 등 다양한 도표를 활용 하여 보고서를 작성하면 품격 높은 보고서가 된다.

또한 박스 안에 또 하나의 박스나 도표를 넣으면 보고서가 복잡 해 지고 이해하기가 어렵다.
박스안에 꼭 표를 넣어야 할 상황이라면 그래프를 넣는 것이 좋다.

도표의 칸 나누기를 할 경우 상·하, 좌·우의 간격을 동일하게 하여야 한다.
또한 도표 안에 음영을 넣을 경우 글씨가 보이도록 연한색의 음영을 넣고,

전체가 아닌 강조하고 싶은 총괄부분, 제일 높은 점수나 낮은 점수에 음영을 넣는다.
유의할 사항은 구분 란에 인원(명)이라고 기재하면 각 칸의 숫자 마다 "명" 자를 붙이지 않는다.
도표의 우측 상단에 "단위: 천원" 이라고 쓰면 각 칸의 숫자에 천원이라고 쓰지 않아야 보고서가 깔끔해 진다.

논리적으로 보고하라

군대는 보고에서 시작해서 보고로 끝난다.
아무리 훌륭하게 보고서를 작성 하였어도, 설명을 잘못하면 형편없는 보고서로 전락 하게 되는 경우가 종종 있다.

보고를 하 기 전에 준비해야 할 사항이 있다.
먼저 지휘관 사무실에 들어가면 서서보고 할 것인지, 앉아서 보고 할 것인지 부터 판단하라.
지휘관 성향에 따라 다르지만 통상 짧은 보고서는 서서 보고를 하고, 분량이 많은 보고서나 토의가 필요한 것은 앉아서 보고 한다.
서서 보고를 한다면 짧은 포인터(지시봉)를 휴대하고 가서 주요내용을 짚으면서 설명하면 된다.
앉아서 보고를 한다면 보고서를 2부 준비해서 결재할 문서는 지휘관에게 드리고 1부는 내가 갖고 보고를 해야 한다.

보고서에는 페이지 번호를 부여하고, 설명 시 한 장을 넘길 때는 "○쪽입니다" 라고 말한 후 주요내용을 설명하고 우측 페이지로 넘어갈 때는 "○면입니다" 라고 해야 한다.

담배를 피우거나 입 냄새가 많이 나는 사람은 반드시 양치질을 하고 결재를 받아야 한다.
지휘관 시절 참모들이 보고 할 때 입 냄새가 심하게 나거나 옷에서 냄새가 나는 인원들이 가끔 있었는데, 냄새가 역겨워 고개를 돌린 적이 많이 있었다.

보고서 작성 후 시나리오를 써 보면 많은 도움이 될 것이다. 시나리오를 쓰다 보면 보고서 내용이나 순서를 바꿀 수도 있고 논리적으로 보고 할 수 있어 일거양득이다.
통상 복무계획 보고나 회의록만 시나리오를 작성하여 보고하는 데, 일반적인 보고서도 시나리오를 작성 해보면 논리적으로 보고가 가능하다.

논리적으로 보고를 잘하기 위해서는 결론부터 보고 한 후, 세부내용을 핵심 위주로 간략하게 보고 하여야 한다.
내용부터 보고하다보면 서론이 길어지고 보고를 받는 사람 입장에서는 궁금해지는 게 더 많이 생긴다.
지휘관에게 보고 시 “○○장님께서 지시하신 ○○건에 대한 검토 결과입니다. 검토 결과 1안인 ○○방안이 가장 적합하다고 판단하였습니다. 2, 3안으로 시행 시에는 ○○○에 대한 제한사항이 있어 1안인 ○○방안으로 시행 할 것을 건의 드립니다.”라고 보고 하면 된다.

보고 시 유의할 사항은 지휘관은 보고를 받으면서 보고서를 처음부터 끝까지 다 읽었는데 보고자는 눈치 채지 못하고 보고서 내용을 처음부터 전부 설명 하는 우를 범해서는 안 된다.
지휘관의 눈길을 따라 핵심 내용을 설명하는 지혜도 필요하다.

보고를 하고 난후 지휘관의 질문에 답변 준비를 잘해야 한다.
보고를 하다 보면 질문에 답변을 제대로 하지 못해 결재를 받지 못하고 나오는 경우가 많다.
보고서 작성 후 예상 질문을 도출하여 관련법령이나 규정과 지침을 확인 후 답변을 정리해야 한다.
특히 관련 현황에 대해 파악을 잘하고, 계획을 시행하는 당일 기상 및 기온을 반드시 확인하여 비가오거나 눈이 왔을 때 등 기온 및 기상이변에 대한 우발계획과 부대 운영계획 등을 확인 후 보고 하여야 한다.
또한 인접 참모부의 의견까지 수렴하는 등 준비를 잘해야 한다.

이렇게 해야 지휘관이 질문 시 당황하지 않고 논리적으로 답변할 수 있다. 한 장의 보고서로 인정받고 칭찬 받으려면 논리적으로 보고하는 연습을 많이 해야 한다.

빔 프로젝트를 이용하여 보고 시에는 레이저 포인트를 활용하여 보고 하여야 한다.

레이저 포인트를 사용하여 보고 시에는 각 문장의 첫 글자를 잠깐 비추고 나서 보고를 한다. 또는 중요 단어나 강조하고 싶은 곳의 해당단어를 비추는 방법이 있다.

지시봉과 레이저 포인트 사용 시 차이점은 지시봉은 각 문장이 끝나는 마지막 글자를 짚으면서 보고하고, 레이저 포인트는 각 문장의 첫 글자를 짚는다는 것이다. 지시봉으로 문장의 첫 글자를 짚으면 나머지 문장이 지시봉 때문에 보이지 않기 때문이다.

보고서 작성을 위한 TIP

군 보고서는 통상 정형화 된 틀에 맞추어 작성한다.
그러나 보고서 구성 및 내용, 항목의 도식화 부호 등은 지휘관 성향에 따라 각기 다르다고 볼 수 있다.
특히 지휘관이 어떤 형식을 좋아하느냐에 따라 보고서의 구성 요소 및 순서가 바뀌는 경우가 많기 때문에, 정답은 해당 지휘관의도에 맞게 작성하는 것이 가장 훌륭한 보고서가 된다는 것이다.

현재 군에서는 행정 간소화를 강력히 추진하면서 1장이나 2장의 보고서를 강조하고 있고, 많아도 5장을 넘지 않도록 요구하고 있다.

보고서를 작성할 때 구성을 어떻게 할 것인가?에 대해 가장 많이 고민한다.
보고서를 어떻게 구성할 것인지 큰제목만 선정해도 50%는 작성한 것이나 다름없다고 볼 수 있다.
다음에 제시하는 것은 유형별 보고서의 일반적인 구성이다.

행사계획은 개요 - 일반계획 - 세부계획 - 행정사항 순으로 2~3장 이내로 작성하고 필요한 사항은 붙임 문서로 붙인다.

개요에는 목적, 중점, 방침 등을 기록하거나, “ 브대 단합과 장병들의 사기증진을 위한 ~에 대한 행사계획입니다”라고 목적과 행사제목을 기재하는 방법도 있다.

일반 계획은 일시, 장소, 대상, 주관, 진행계획 등 일반계획을 보면 행사의 전반적인 것을 알 수 있도록 작성한다.

세부계획은 일정 및 시간별 세부진행 계획, 행사 준비사항 등을 포함한다.

행정사항은 각관의 임무, 안전사항, 예산, 향후추진 등을 작성 하고, 악천후를 대비한 우발계획은 붙임문서로 작성한다.
행사계획을 수립 시에는 동계 보온대책, 혹서기 온열손상 대책 등 행사병력 및 행사 참석자들을 위한 조치사항을 포함 하여야 한다.

경연대회 및 평가계획은 개요 - 평가계획 - 행정사항 순으로 작성하거나, 목적 - 일반계획 - 세부계획 - 행정사항 순으로 작성한다.

검토 보고는 개요 - 관련규정(관련사실) - 현상분석 - 개선방안 - 결론/건의 순으로 하거나, 개요 - 현실태/문제점 - 보완/발전시킬 사항 - 결론/건의, 또는 개요 - 검토결과(현실태, 개선방안) - 향후 추진 순으로 검토보고의 성격에 따라 약간씩 상이하게 구성한다.

연구보고는 개요 - 문제 - 가정 - 문제와 관련된 사실 - 토의 - 결론 - 건의 순으로 하거나, 개요 - 관련 사실 - 검토 결과 - 결론/건의 순으로 구성한다.

첩보 보고는 인지형보고서 양식에 개요- 주요내용 - 향후 추진으로 작성하거나, 주요내용 - 분석/평가 - 부대적용 분야 등으로 구성한다.

요약 보고는 개요 - 주요내용 - 조치 사항, 또는 주요내용 - 관심 사항 등으로 작성한다.

복무계획은 일반 현황, 전투준비, 교육훈련, 부대관리 순으로 구성하되, 상급 지휘관의 관심분야를 포함시켜 작성한다.
복무계획은 추진과제를 선정하고, 과제별 목표 및 추진 방법을 핵심위주로 작성하면 된다.

요즈음은 복무계획을 A3용지 1장으로 만들어 보고 하거나, 3~5장 이내로 작성하여 보고 하도록 요구하는 지휘관들이 늘어나고 있다.

취임사는 보고서 범주에는 들어가지 않지만 초급간부들을 위해 제시 하였다.
취임사는 먼저 행사를 주관하는 임석상관에 대한 고마움과 존경의 인사말을 하고, 장병들에게 자신의 근무 각오와 정신무장, 전투준비, 교육훈련, 부대관리 분야로 구분하여 자신의 의지나 목표를 강하게 어필하면 된다. 마지막으로 전임자에게 고마움의 인사와 참석자에 대한 감사 인사를 하고 마치면 된다.
취임사는 짧게 하되, 강조하고 싶은 내용을 첫째, 둘째, 셋째 하면서 명확하게 강조해야 기억에 남으며 취임사의 성과도 달성 할 수 있다.

에필로그

원망하지 마라, 미워하지 마라

우리는 늘 누군가를 원망하고 미워하면서 살아간다.
"너 때문에"라는 피해의식에 사로 잡혀서 나를 보지 못하는 것이다.
우리가 잊고 살아가는 것이 있다.
너 가 아닌 내가 잘못하고 있다는 것을, 당신이 상대방을 원망 할 때 상대방은 당신을 원망하고 있다는 것을 망각하고 있다는 것이다.

빌게이츠는 “태어나서 가난한 것은 당신의 잘못이 아니지만 죽을 때 가난한 것은 당신의 잘못이며, 화목하지 않는 가정에서 태어난 것은 죄가 아니지만 당신의 가정이 화목하지 않는 것은 당신의 잘못이다”라고 했다.
결국 내가 모든 것의 시작이면서 끝인 것이다.
내가 항상 문제의 중앙에 있다는 것을 알아야 한다.

군 생활을 하면서 가장 힘든 것은 공수훈련이나 유격훈련이 아닌 사람들과의 관계라고 흔히들 말한다.
밤을 새워 일을 하고 나서 혼나거나 칭찬을 받는 사람이 있다.
혼나는 사람은 정말 더러운 인간 만나서 힘들다고 한다.
칭찬받은 사람은 따뜻한 사람 만나서 행복하다고 한다.
여기서 중요한 것은 내가 더러운 인간을 만들거나 따뜻한 사람을 만들었다는 생각을 못한다는 것이다. 인정하기 어렵겠지만 상대방 보다는 내 자신에게 문제가 더 있다는 생각을 항상 갖길 원한다.

군대가 체질에 맞는 사람은 없다.
누군가 해야 하는 일이라는 것을 잘 알기 때문에 고통을 갇내 하면서 가시밭길을 걸어가고 있는 것이다.
가시밭길을 지나면 아름다운 꽃길이 나온다고 하지만 군인의 길은 계속 가시밭길이다.
단지 가시밭길을 잘 헤쳐 나가는 방법을 스스로 터득하여 적응 하고 있을 뿐이다.
이렇게 힘든 길을 함께 걸어가면서, 서로 원망하고 미워하면 므두가 피곤하고 고통스러울 뿐이다.
서로를 위하고 격려하면서 가도 힘든 군인의 길인데, 잘하고 뭇하는 것은 백지 한 장 차이도 안 나는데, 못한다고 욕하고 화낼 필요가 있을까?

대부분의 간부들이 착각하고 있는 것이 있다.
부하들에게 고함치고 욕하면서 업무를 하거나, 부하들을 격려 하고 웃으면서 업무를 해도 결과는 거의 차이가 없다는 걸 잘 모른다.
오히려 격려하고 칭찬을 하면서 준비한 부대의 결과가 더 좋다.
군 생활을 하면서 전혀 생각지 못한 대대 전투력측정 결과를 보고 깨달은 것이 많았었다.
『A대대는 평가 1개월 전부터 대대장이 직접 새벽 2시까지 간부 들을 집합시켜 교육하고 시험을 보면서 열심히 준비한 부대였고, B대대는 대대장이 간부들과 매일 축구하면서 일과가 종료되면 퇴근 시킨 부대였다. 과정만 보면 A대대 성적이 월등하게 앞설 거라고 생각 했는데 결과는 B대대 성적이 더 좋았다.

A대대 간부 3명이 백지를 내고, 다른 간부들의 성적도 별로 좋지 않아서 확인해보니 준비과정에서 스트레스를 너무 많이 받아 아는 문제인데 답을 쓰기가 싫어서 그랬다고 말했다.』
대대장이 간부들에게 혹독하게 하면서 얻은 대가는 전투력측정 최하위, 원망과 미움만 남은 것이다. 옛날이나 지금이나 강압적인 방법은 통하지 않는다.

군 생활을 하면서 나를 힘들게 하는 상급자 때문에 꿈을 접지 말라고 말하고 싶다.
짧으면 6개월, 길어야 1년만 참으면 누군가는 다른 부대로 전출 가는데, 지금까지 잘 살아온 나를 억누를 필요가 있겠는가?
그리고 상대방이 아무리 미워도 적은 만들지 마라.
군 생활을 하다 보면 언젠가 또 만나게 되어 있다.
지금은 나를 힘들게 했지만, 세월이 흐르면 나를 적극적으로 지지해주는 든든한 후원자가 될 수도 있다는 것을 알아야 한다.

또한 내가 몸 담았던 부대와 함께 근무한 전우를 욕하지 마라. 통상 "근무한 부대 방향으로는 오줌도 안 싼다."라는 말을 많이 한다.
이러한 인원은 힘든 부대에서 고생이 많았다고 볼 수 있지만, 대부분 군 생활에 적응하지 못한 사람들이 이런 소리를 많이 한다.
전우들에게 인정받지 못해, 원망하고 미워하면서 군 생활을 해왔기 때문에 부대를 쳐다보기도 싫은 것이다.
전우들이 자신을 왕따 시켰다고 말하지만, 오히려 전우들이 왕따를 당한 것이다.
말해도 대답도 안하고, 같이 운동하자고 해도 싫다고 하고, 회식을 해도 참석하지 않는 등 철저하게 전우들을 왕따 시켜놓고 본인이 왕따를 당한 것처럼 포장하는 것이다.

내가 생활했던 부대와 전우들을 칭찬하는 것은 결국 나를 칭찬 하는 것이다. 부대를 떠나면서 또는 전역 후 군을 욕하는 사람, 칭찬하는 사람 어느 쪽을 택할 것인가?

저자소개

지 금 구

육군 제3사관학교 卒

초당대 경찰행정학과 卒

우석대 국방정책학 석사

現 동신대학교 예비군대대장